坚持　你所坚持的，
相信　你所相信的

每日人物　主编

北京联合出版公司
Beijing United Publishing Co.,Ltd.

图书在版编目（CIP）数据

坚持你所坚持的，相信你所相信的 / 每日人物主编．-- 北京：北京联合出版公司，2018.9（2018.9 重印）

ISBN 978-7-5596-2346-1

Ⅰ.①坚… Ⅱ.①每… Ⅲ.①人生哲学—青年读物 Ⅳ.① B821-49

中国版本图书馆 CIP 数据核字（2018）第 155402 号

坚持你所坚持的，相信你所相信的

编　者：每日人物
选题策划：北京宏泰恒信文化传播有限公司
责任编辑：管　文
策划编辑：李　艳
封面设计：力　珲
版式设计：王玉双
责任校对：王　萌

北京联合出版公司出版
（北京市西城区德外大街 83 号楼 9 层　100088）
北京联兴盛业印刷股份有限公司　新华书店经销
字数 200 千字　880 毫米 ×1230 毫米　1/32　9 印张
2018 年 9 月第 1 版　2018 年 9 月第 2 次印刷
ISBN 978-7-5596-2346-1
定价：45.00 元

未经许可，不得以任何方式复制或抄袭本书部分或全部内容
版权所有，侵权必究
本书若有质量问题，请与本公司图书销售中心联系调换。电话：010-58572848

记录这个时代值得被记住的人

序

我们,或许也是这样的人

1000多年前,唐人王勃写下千古名句:"关山难越,谁悲失路之人?"

这大约是每个时代都应该有人去回答的疑问。

不久前,"每日人物"刚过了两周岁的生日。我们报道那些在聚光灯下名利场上纵横驰骋的人,去观察他们在命运之前的反应。

有的人,生逢好风。

杨幂声称,自己要做一个"人民艺术女演员"和"表演艺术家",自我评价是"一个努力的有品位的好演员"。

整整4年没有工作靠老公养着，自己煮面条下青菜的上海姑娘姜逸磊，一夜之间变成全国人民都认识的Papi酱。

李志要用12年时间在中国的334座城市各开一场演唱会。12年后他就50岁了。所幸，现在的他有足够的心力和资源去完成这件事。

我们也关注那些面临命运残酷一面的人。

43岁的周迅能坦荡接受逐渐衰老的面容，变得自由而伟大，还是继续掩饰下去？

在一场爆炸事故中烧伤了39%的皮肤，俞灏明没有屈服，而是正视自己的恐惧。但，努力的好人未必成功。他至今也缺少具有说服力的作品。

吃过口红、眼镜、纸片、蜈蚣、污泥、粪便，一年接40档综艺节目的薛之谦，却被心理医生诊断出有严重的心理问题。他说，自己已经33岁了，必须抓住这个机会拼一把。

两年时间，730篇文章，几千人的故事。为了他们的故事，"每日人物"的记者们自己也创造了许多故事。一位小伙子，骑着电动车送了一个月外卖，只为更好地理解外卖小哥生活中的笑与泪。另一位小伙子在采访时弄丢了自己刚戴上几个月的结婚戒指。还有一位姑娘为了采访，23岁生日的当天在火葬场待了一个下午。

作为一个做原创报道的平台，"每日人物"在这个时代显得很稀缺。但这样的地位并没有带来最大的收益。拿微信来说，"每日人物"公号的打开率很高，推送发酵很快，往往几个小时就能达到最大阅读量。年轻的男男女女们把它当作一个原创信息的信使，甚至能推断出它每天的大致推送时间。像驻守边关的战士翘首期盼家乡来的邮包，总是第一时间抢过来，打开它。

但是，事实只是事实而已。在这个充溢着标题党和关键词的速食时代，报道事实是无法蹭热点和收割流量的。

从性价比的角度看，报道事实不如报道观点，报道观点不如报道情绪；

从需求的角度讲，事实是整个社会的刚需，却不是哪个人的刚需；

从安全的角度看，记者工作辛苦，上升空间有限，风险却很高。

这些道理，我们都明白。做了两年，我们的平均阅读量还不如一些大号的情感鸡汤文。但，或许这就是我们的宿命。

总有那么一些，受过传统媒体的职业训练，除了说真话没有太多生存技能的人。

总有那么一些，想坚持一些过时的价值观，按照自己的本意去做事的人。

总有那么一些，愿意关注社会的真相，愿意直面生活的人。

我们，或许也是这样的人。

电影《暴雪将至》的结尾，是一辆发动不了的公交车。导演董越说，一般电影里或许会让这辆车发动了，开走了，特别写意抒情的一个结尾。但他不想这么安排。因为"在时代的拐角处，那些失去道路的人事实上是哪儿也去不了的"。

谁也不能确认，下一次转折之中，失路的人里，有没有我们。那么，在此之前，就让我们更好地拿起笔来，尽自己的本分。

每日人物执行主编　冯翔

Believe
Insist
———

相信 >> >>> >

001 ◀ 周迅老了,是时候做个决定了

015 ◀ 段奕宏:暴雪将至,谁悲失路之人?

023 ◀ 陈坤四十:前半生靠脸,后半生走心

036 ◀ 这位种草莓的大叔,当年是与朴树齐名的歌手

054 ◀ 叶蓓:《青春无悔》的前奏一响,我和老狼都哭了

目录 · contents

你所相信的 >> >>> >

068 ◀	"无论郝蕾变得有多胖,我依旧那么爱她"
080 ◀	潘粤明终于又红了,但对过夫仍只字不提
093 ◀	八年余春娇,终成杨千嬅
111 ◀	余文乐:我喜欢细水长流,可结婚这件事,天天都想
121 ◀	歌手李志:浪漫的反抗者,认真的搅屎棍

Believe
Insist

坚持　>>　>>>　>

133 ◀　马丽：你本人比电影里好看多了

146 ◀　流量女王杨幂：请叫我"人民艺术女演员"

164 ◀　颜丙燕：最好的女演员，最不合时宜的演员

193 ◀　吴越打破"脸谱"，造一个骨灰级小三

203 ◀　"病人"薛之谦：我的内心世界不给你们看

目录 · contents

你所坚持的 >> >>> >

214 ◀ 超女许飞被"偷走"的10年：创业、还债、跑步，游荡归来，还是少年

225 ◀ 这部悄然落幕的电影中，是张艾嘉的失败与伟大

236 ◀ 50岁的张扬，终于站着把钱赚了

249 ◀ 蒋方舟：我说我不漂亮、被挑选，你们就当真了？

262 ◀ 余秀华对我说，你怎么就判定我得不到爱情呢？

275 ◀ 我们的团队

我们的团队

记录这个时代
值得被记住的人

周迅老了,是时候做个决定了

文:安小庆

电影《明月几时有》中,43岁的周迅第一次在大银幕上现出了以往少有的疲倦和僵硬感。接下来,她或许需要做一个决定——到底要不要坦然接受胶原蛋白的流失,让自己成为一个自然生长、自然衰老的伟大演员。

当电影《明月几时有》中出现第一个周迅的脸部大特写时,所有人都不得不面对一个现实——40岁之后,周迅已经不适合饰演少女了。

这是演员周迅真正需要做出选择的时刻了：究竟是选择做一个永远光亮保鲜、没有皱纹的女明星，还是一个坦荡老去却更加伟大的女演员？

演技在线　特写心碎

在香港回归20周年的众声喧哗声里，许鞍华导演的《明月几时有》上映了。观众和粉丝有小小的雀跃，终于又可以在电影里见到演员周迅。

毕竟，上一次周迅正经拍电影已经是三年前的事了。

在2014年的商业片《撒娇女人最好命》和《我的早更女友》之后，周迅在这几年将主要时间都投入到长篇电视连续剧《红高粱》和后宫大女主剧《如懿传》的拍摄中，其间还投资和参加了一个户外真人秀节目。

但就是这部《明月几时有》，却让喜欢周迅的人遭遇了不小的尴尬和困惑。在整部电影里，周迅的出色演技依旧在线，但观

记录的是别人的故事
看到的
是强烈的共鸣

众们却第一次那么明显地觉察到她的脸发生了变化。

数年前,导演张艺谋曾经说过,周迅和章子怡的脸是最标准的"电影脸",她们的脸"天生就适合活在大银幕上"。但至少在《明月几时有》的前半段,周迅的脸已经僵硬到与过去判若两人。

曾经最令人赞叹的大银幕特写已经让人不忍细看。网友惊呼"灵气尚存但外貌已改""脸为什么僵成那样,突兀的山根让人烦躁,周公子的颜值无可厚非地被医疗美容毁了"。还有一部分网友发出了攻击"丫头教"时的经典质疑:岁月不饶人啊,为什么还要硬演二十几岁的角色?

影评人"闪灵爱"评论道:《明月几时有》给周迅的特写特别让人心碎,法令纹和苹果肌看上去就像塑料浮雕,过去是一包水,现在是凝固冰,海上的风吹不化。

还有粉丝感到困惑,明明三年前周迅演《红高粱》的少女九儿时还非常有说服力,呈现出几乎没有漏洞的"少女感"。为何两年之间,脸已发生巨变?

有人回答,"打针了,毕竟年纪也不小了。"加之,"电视剧的灯光效果和大银幕还是不一样的,大银幕更容易暴露缺点。"

《红高粱》剧组的摄影灯光负责人曾在接受采访时表示,周迅的脸比同龄人年轻10岁,我们用技术手段又给她减下来10岁,最后就呈现得很年轻了。最关键的是,"灯光在周迅脸上起了画龙点睛的作用。"

而许鞍华的电影风格,历来是现实主义导向,剧组的灯光师也不大可能给周迅每场定制女艺人最爱的"苹果光",因此43岁的周迅第一次在大银幕上现出了以往少有的疲倦和僵硬感。

曾经,这是一张被无数媒体和粉丝称为"精灵"般的脸。40岁之后,在天赋和外形上都备受上天宠爱的周迅,终于见识到了自然规律的残酷。直到电影的后三分之一部分,脸部特写才自然了一些。

对演员和观众来说,这都不能不说是一次意外打击。因为对周迅"不老精灵"的想象和期待已经太久了,久到我们以为她不会衰老。是的,精灵怎么会衰老呢?但现实世界里的"精灵",无论怎样被岁月垂青和宠爱,也不会如神话、童话中的精灵和仙子一样永远年轻。40岁之后,老天爷对周迅外形的宠爱,终败给了自然规律。

记录的是别人的故事
看到的
是强烈的共鸣

记录这个时代 值得被记住的人

天赐的充满灵气的娃娃脸和身形是一把锋利的双刃剑。在《明月几时有》里,这把剑已经露出了它陡峭锋利的另一面——43岁的周迅,似乎正站在一个路口。她忠实的影迷看完电影后写道:希望周公子能自然转型,虽然我依然觉得她是个精灵,但希望她不要再演少女了。

老天爷赏了两碗饭

在华人电影圈,大概没有第二个人像周迅这样从出道开始,就基本承包和垄断了"精灵""永远的少女"这样的词。

从1991年拍摄谢铁骊的《古墓荒斋》出道,25年里,周迅一大半的日子都是在剧组度过。17岁,她演了人生的第一个角色:一只狐狸精。这似乎宿命般地开启了她最为类型化的角色方向,也塑造了鲜明的个人特质。

她是《风月》里的小舞女,《荆轲刺秦王》里的小盲女,《苏州河》里的神秘少女,《大明宫词》的少女太平,《人间四月天》

的民国女子,《橘子红了》的悲剧小媳妇,《香港有个好莱坞》里的北姑,《恋爱中的宝贝》里的分裂女孩,《如果·爱》里的复杂明星,《画皮》里的千年狐妖,《李米的猜想》里的出租司机……

总之,她是很多不一样的女孩,但又似乎只是她自己——一个有着小巧脸庞,眼中似有无限故事的少女、未婚妻和精灵。这不得不令人感慨,她一定是一个得到特殊垂怜的人,就连老天爷赏饭都是同时赏两碗——容貌一碗,天分一碗。

她仿佛生来就是吃这口饭的。父亲是电影放映员兼海报画师,她从小就在电影院里长大。小时候的理想是"当一个录磁带的"。果然19岁时,跟着当时的男友窦鹏去了北京,当了歌手,开始北漂生涯。

1995年,她去陈凯歌的《风月》剧组试戏。当时在《风月》剧组的方励回忆说:"陈凯歌从一开始就很喜欢周迅,他把她叫到身边,生怕她年纪小不懂事。跟在陈凯歌身边学习了大半年,两年后在《荆轲刺秦王》中,周迅演的小盲女从打光到拍摄完眼睛都没有眨一下。陈凯歌感叹她是一位'心灵沟通者'。"

她也明白自己有天赋。在接受《人物》杂志采访时,她回忆拍

第一部戏的时候,说话还是结巴的,当导演一喊开始,她说话居然不结巴了。"好像老天有一个通道直接到我脑子里,我现在坐这儿也不知道一会儿怎么演,但等一'action'(开机),自动就会了。"

这导致了25年里,她一直活在人戏不分、戏剧和真实生活混淆的情境里。

多年前一起拍摄《恋爱中的宝贝》的黄觉说:"都拍完一年多了,她还是带着一丝伤感,说五个月都没笑过了……她就是骏马,很放肆地燃烧自己。"陈可辛在拍完《如果·爱》的第二年,还接到了周迅给他发的短信:北京的河结冰了。"她是真的把自己当作了孙纳,完全按角色的逻辑活着。"

邓超一直觉得自己"挺疯的",但跟周迅拍了《李米的猜想》之后,他发现"她像一个女巫似的,像是会附体一样"。他记得那时候,周迅不让当时的男朋友来看她,因为"李米自己四年没有见到男朋友,于是她也一段时间不让男朋友来看她,不让探班。她说要感受孤独感"。

"因为这个戏比较撕裂,经常导演喊停了她还在那儿演着,还在那个戏的世界里,然后导演过去把她一抱,很长很久,慢慢恢复过来。"

经纪人陈辉虹在接受采访时说:"我不得不在周迅没事儿的日子里替她找事儿,例如,给她打电话、发微信、挑好的电影跟她说你看这个,或者跟她说今天你就睡觉,就待着。有点像是你要喊'action',然后她就知道怎么演,她就在里面了。"

她没有辜负自己从内心到外表的双重天赋,许鞍华说,周迅是她见过最用功和做最多功课的演员,那些台词啊动作啊,她都想好了,然后现场很多时候都是一条过。

这也令她获得了几乎所有人的爱和认同。

冯小刚曾经严肃地说:"我认为周迅是中国最好的女演员,在她后面没有屈居第二的。"陈可辛说:"她是所有导演的梦想。"高晓松说:"她不是经验型的演员,她是个天才。"高群书说:"对她的表演不能评价,只能体会。我猜她在转世之前的上三辈应该都是做演员的。"郝蕾在看完《李米的猜想》后,也激动地发短信给周迅,称赞她:"是一个天生的女演员,一个伟大的女演员!"

记录的是别人的故事
看到的
是强烈的共鸣

记录这个时代
值得被记住的人

演员四十

这些年,周迅似乎一直演着那些最适合她的角色,与成熟、衰老、欲望这样的成年世界和现实词汇无关,但她似乎也被这类角色和观众的固有期待封印在了其中。

进入40岁之后,周迅做了许多新尝试。她投资和出演了综艺真人秀,但看点乏善可陈。她在距离上一部电视剧拍摄的11年后,又回归拍了电视剧《红高粱》,这部剧不仅给她带来了3000万片酬,还带来了视频网站播出的高关注度。或者这也能解释为何她又在去年接下了网文IP改编的古装剧《如懿传》。这次的片酬是5000万,而受众将是年龄更年轻、数量更巨大的网文粉丝。

动辄90集的长度,长达两年的拍摄、宣传、播出周期,棚内拍摄的精美灯光以及卫视之后的反复重播——显然,这是一桩比拍电影更为划算的生意,这也难怪曾经听从张艺谋教诲打死不拍电视剧的章子怡也开始拍大女主宫廷剧了。

这背后的驱动力无非是"名利"二字,在演艺圈生态环境和势力范围正在重组的当下,想要红得更久、想要更多粉丝、想要更常被看见被讨论、想要将影响力扩大到更大范围,就必须遵循游戏规则。

在周迅那里,综艺节目、电视连续剧、一线时尚品牌代言、商业电影、小成本制作、公益活动……全部没有放过。周迅像退休前的天后王菲一样,在商业王国和名利场里,犹如一架高速运转的机器,被商业拱卫着,高效且竭尽全力。

几年前,黄磊曾经在接受采访时说过:"周迅是明星的一生,可她其实应该是一个更伟大的演员的一生。但她没有做这个选择。中国的电影没有给她这样的演员够大的格局。她其实有特别大的空间,却被各种角色锁在里面了。"

高晓松则说:"一个能演空气和水的人,现在演的都是生活层面的东西,都是商业片,她能满足吗?"

其实,从2016年初至今,周迅的脸上一直有挥之不去的倦色和僵硬面具感。商业大制作显然不能满足她的全部野心,而《李米的猜想》这样的小成本制作也不常有。《李米的猜想》的导演曹保平觉得周迅必须转型了。在《人物》杂志的采访中，他表示："很现实，周迅40岁了，女演员年龄大了以后，适合年龄段的角色会少很多。"

但是，40岁之后的周迅仍然在演少女，因为，绝大多数年轻后辈演员的资质和能力都接不了班。于是，在这个尴尬的系统闭环里，不管周迅自己是否有强烈的意愿或者是否感到勉强、吃力，她的团队、整个市场都会"合谋性"地让她继续扮演少女或者年轻女主的角色，直到《明月几时有》的特写出现，所有人都不得不面对一个事实——于周迅而言，有一碗饭已经行将吃完，接下来，是去想尽一切办法留住碗底的残余，还是好好地珍惜另一碗？

走出"囚笼"

其实，若干年前，周迅想象过自己的衰老。

"没有人能改变变老，只是我现在的年龄还可以驾驭年轻角色而已。我也一定会变老的。"她说，"等以后年龄大了，才是真正考验自己的时候,那时候才能证明自己到底是不是好演员。"

周迅和郝蕾都曾表示过,今年64岁的法国演员伊莎贝尔·于佩尔是自己的偶像。周迅说:"我一直希望像伊莎贝尔·于佩尔那样演到这么老。她是我的一个偶像。但靠演员的一己之力并不能完成,演员和观众是相互作用的,我演你们也得来看呐。"

这一句"我演你们也得来看呐",透露着中国观众对大龄女演员的残酷和势利,即便身处行业金字塔顶端的周迅,也不可能完全不受到影响。

但是,越艰难的选择或许才会催生出越独特的结果。相信早已成为佛教徒的周迅,对"贪"会有更深的理解和领悟——一个人不可能占尽一切风光,接下来,究竟是和团队一起将自己一直维持在一个无懈可击、炙手可热的明星神坛之上,还是坦然接受胶原蛋白的流失,让自己成为一个自然生长、自然衰老的伟大演员?

其实这个问题,在这部暴露问题的电影中,已经有所回答。

在关于《明月几时有》的评论里,作家韩松落提到了"匮乏"与"自由"。自由,现在必须要和财务连在一起。选择,也

> 记录这个时代
> 值得被记住的人

一样。但在许鞍华的故事里，还匮乏着，甚至极度匮乏着，人，就自由了，就选择了。

这部电影巧合般集齐了三个女孩/老女孩：许鞍华、周迅、春夏。人们爱用女孩、赤子、老女孩来定义她们。

春夏跟少年时的周迅一样野路子出身，凭着会说话的眼睛和异于常人的敏感闯进了圈子，两人的《踏雪寻梅》和《香港有个好莱坞》也相当类似。春夏当下的"光脚"状态和无负担，正如当年周迅刚出道时的自由。

而70岁的许鞍华还跟母亲在香港租房生活着，为每一部电影都吃力地找着投资，需要去教书和拍广告维持生活，但她一部接一部拍着自己想拍的电影，做着自己热爱了大半辈子的活计。人，是自由的。

好友兼同行的郝蕾一直在关注和观察周迅的状态。"对一个职业演员来说，重复是很可怕的事！角色、片种的重复都不是最可怕的，最可怕的是状态的重复。"

于佩尔则说："我们总是谈论女演员的悲剧命运。不是电影扼杀了她们，而是生活……我们要遵循我们自己的标准。"

什么时候，待周迅自己和观众都愿意把"演员周迅"从少女和精灵的囚笼里释放出来，承认精灵也会老去，传奇主人公的脸也会逐渐被皱纹爬满，一个自由的而又始终变化和成长着的伟大演员才会真正诞生，她也才会拥有自己的标准。

届时，等待她的将是《她》里神秘性感的64岁伊莎贝尔·于佩尔，《跑调天后》里有趣的68岁梅丽尔·斯特里普，《45周年》里优雅深邃的71岁夏洛特·兰普林，《速度与激情8》里生机勃勃的72岁海伦·米伦，以及54岁的朱丽叶·比诺什和53岁的莫妮卡·贝鲁奇。

我们期待在这一代中国女演员里，能够出现像于佩尔这样堪称伟大的职业演员。当皱纹出现、衰老来临，唯有坦荡接受这一点，自由才会到来。正如于佩尔曾说过的："做演员，最终是学会做一个自由的人。"

记录的是别人的故事
看到的
是强烈的共鸣

记录这个时代
值得被记住的人

段奕宏：
暴雪将至
谁悲失路之人

文：卢美慧

  他的姿态是低微的，甚至是谄媚的，膝盖好像永远直溜儿不起来，在大雨里瑟缩着手护着火苗儿，等一个给编制内人员点烟的机会——一个被体制异化的可怜人，唯一的梦境，就是成为体制的一部分。最后，这个做梦的人生生让这梦境给吞没了，其中的残忍和无常，曾是旧日时空里无数人必须要承受的命运，细想下来，很难不叫人伤心。

  在东京国际电影节拿下两项大奖的《暴雪将至》，给了2017年11月的中国影坛十足的惊喜，拍得又丧又冷，跌宕十足。很长一段时间内,这样的质感我们只能在欧美片、韩国片以及10多年前的港片中去寻找。电影市场沸腾了这么些年,大保健电影、二人转电影、主旋律电影都经过了蓬勃的生长,找到了自己特定的观众群,但越是沸腾,越是觉得少了点儿什么。终于,这一次的《暴雪将至》,补上了我们一直缺失的那部分。

1

《暴雪将至》的最后一场戏定格在一辆发动不了的公交车上,一群人木然地坐在车上,发动机呜呜咂咂地闷响,但车就是动不了。

段奕宏扮演的余国伟找了个靠窗的位子坐下,头抵着车窗,目光空洞。下雪了,一切都结束了,他奋力想要抓紧的命运,最终甩下他绝尘而去,他就那么呆坐在一辆发动不了的公交车上,路在何方,没人知道。

这时,背景音乐十分不合时宜地响起,是那首镶嵌在一代国

记录的是别人的故事
看到的
是强烈的共鸣

人记忆中的《好日子》:"今天是个好日子,心想的事儿都能成……"

大约半个月前,跟导演董越聊起这部电影,他说,可能观众并不会注意到那辆车上的人,不同年龄段,包括他们的衣服,其实拍摄的时候都是有考虑的,虽然主角是余国伟,但其实他想叙述的是整整一代人。

董越说起结尾的处理方式,很多电影,可能上了一辆车,车开走了,消失了,特别写意抒情的一个结尾。但他不想这么处理。在时代的拐角处,那些失去道路的人事实上是哪儿也去不了的,所以就有了这辆发动不起来的公交车,一代人就那么停在那儿,残酷又真实。

2

凭借余国伟一角,段奕宏在2017年斩获东京国际电影节影帝桂冠。不得不说,在《暴雪将至》中,他奉献了漂亮的表演,最近各路声音对他的赞美已近词穷,千言万语还是那句:在这个时代拥有这样的演员,是观众的幸运。

段奕宏很精确地抓住了余国伟的魂魄，人生的前半段，在所有人都在一种低气压的时代气氛中得过且过的时候，余国伟是奋进的，他迫切地想要一个编制内的身份。他穿并不合身的皮衣，在邋邋遢遢的人群中，偶尔像模像样地系着领带，拼尽全力想成为一个体面人。他不屑于干那些小偷小摸的勾当，希望名正言顺地获得一个公家人的身份。

《暴雪将至》最初的名字叫"编外往事"，主角的名字一开始就想好了，"多余的余，国家的国，伟大的伟。"10多年前，在段奕宏同郝蕾合作过的《颐和园》中，在医院里被问到名字，郝蕾扮演的余虹说："多余的余，彩虹的虹。"

同样讲述一个"多余的人"，《暴雪将至》要冷峻得多，时代怎么嘈杂，自己如何多余，《颐和园》里的余虹都是傲慢倔强的，真的像抹彩虹一般，不管不顾地去耗费爱与生命，我就是我，我就这样。

但余国伟耗不起，他的姿态是低微的，甚至是谄媚的，膝盖好像永远直溜儿不起来，在大雨里瑟缩着手护着火苗儿，等一个给编制内人员点烟的机会——一个被体制异化的可怜人，唯一的

记录的是别人的故事
看到的
是强烈的共鸣

梦境，就是成为体制的一部分。最后，这个做梦的人生生让这梦境给吞没了，其中的残忍和无常，曾是旧日时空里无数人必须要承受的命运，细想下来，很难不叫人伤心。

3

时间就是这么残忍。大家总调侃，如今说起10年前，原来是2007年，而不是1997年。

《暴雪将至》是一个发生在1997年的故事，是经历过那个年代的人于事无补的一曲挽歌。

1997年，大厦还未崩塌之时，戴着大红花站到领奖台上的余国伟，经历了人生中最风光明媚的时刻。现场道具出现问题，雪花飘落下来，逗得台下哄笑一片，余国伟什么也不管，暴突着青筋喊："以高昂的热情，迎接新世纪的到来。"

但新的世纪，并没有余国伟的位置。

影片结束的年份是2008年。那年年初，中国南方发生了罕见的冰雪灾害。事实上，不管是1997还是2008年，沉积在中国人的记忆里的都是轰轰烈烈的大事件，但在这轰轰烈烈之中，曾经有过多少余国伟，没有人知道。

电影最初的灵感是一组摄影图片，大概2013年前后，导演董越看到网上的一组照片，拍的是甘肃玉门。这座上世纪曾因石油而繁盛的城市，在资源枯竭之后变得一片衰败，人走城空，只剩垂垂老矣、看不清具体年纪的老者陪着一座枯城静止在那儿，那种破败和萧瑟一下子击中了他，这才有了《暴雪将至》后来的故事。

后来电影的拍摄地选在湖南衡阳，一座同样曾因工厂而繁盛，也因工厂而失落的城市。之所以避开人们更为熟悉的东北，一方面是希望同此前的《白日焰火》《钢的琴》做出区分，另一方面，也是了却董越的一个心结：余国伟的故事，东北有，西北有，中南也有，在轰轰烈烈的时代巨轮下，总有被甩下的人。他渴望记录他们。

记录的是别人的故事
看到的
是强烈的共鸣

4

年初的时候,流行过一个演讲,题目是《纸工厂》,后来在网络传播时有了个更伤心的名字,叫《我说我们东北,失落的人、绝望的人太多了》。东北写作者贾行家的讲述如同电影一般,描绘了上世纪90年代下岗大潮中那一代人的集体遭遇。

演讲最后,他说:"每到了转折的时代,总会有这样一群失落者。这个时候,人们追求的东西会像雨水一样蒸发到空气里,然后用一种我们每一个普通人无法把握的概率落下来。时代和人群永远朝向新的宾客,发出新的颂扬。新的失落者在输光了一切以后就要走向被人遗忘的路程。"

客观地说,作为处女作,《暴雪将至》的优缺点都十分明显。优点是时代氛围的重塑和把握,阴雨连绵的南方厂区,遗落在90年代的公共记忆,以及绕不开的段奕宏炸裂般的演技。缺点是故事的连贯性,必要转折之处尚有生涩的部分。

但总的说来,《暴雪将至》还是看得人很惊喜,这种惊喜跟《钢的琴》《白日焰火》等影片有着一脉相承的连结:东北不光有二人转,湖南也不只是快乐大本营,时代喧闹的歌舞场再如何欢乐,总该有人去关照那些没拿到新时代入场券的人们。

一千多年以前,唐朝诗人王勃写下千古名句"关山难越,谁悲失路之人"。这大约是每个时代都该有人去应答的疑问。因为谁也不能确定下一次转折之中,失路的人里有没有我们。

记录的是别人的故事
看到的
是强烈的共鸣

记录这个时代值得被记住的人

陈坤四十：前半生靠脸，后半生走心

◆◆◆◇ 文：安小庆

陈坤曾十分厌恶一些词汇，比如"戏子""明星""花瓶"，他认同一个对自己的评价——"帅里如一"，意思是"看起来很帅，实际真的很帅"。

一群7天没洗头的记者吸溜着鼻涕裹着羽绒服坐在草丛里，中间围着的是同样风餐露宿了一周的陈坤。

这是"行走的力量"最后一天扎营，高原的风送来厨师开饭的喊声。工作人员催了几次后，光脚盘坐的陈坤阻止了他："最后一天了,大家想聊天,想聊多久我就陪多久。"说完,陈坤颤抖着冻成紫色的嘴唇问记者们,"你们知道我喜欢《山丘》哪句歌词吗?"

"虽然已白了头!"

"为何记不得上一次是谁给的拥抱在什么时候!"

副歌猜了一遍,陈坤瘪嘴苦笑:"就是'越过山丘'啊!我还没长大呢,你们就说我老了。"尽管他一再强调自己心理年龄还小,但这个上世纪末的小鲜肉代表如今已40岁了。对于美貌这件事,陈坤从不掩饰自己的自豪。行程过半的一天,陈坤与随队进行禅修指导的阿字仁波切玩自拍。手机举好角度,陈坤说:"我们先来一个帅出天际的笑容。"

狂跩炫酷的表情之后,陈坤又提议:"再来一个慈悲万物的。"说着呈悲悯状。戴墨镜的阿字仁波切以露牙和不露牙两种表情配合着。

像是个隐喻,拍照的流程暗合了陈坤的人生轨迹:凭借一张帅脸,陈坤从苦孩子变成了大明星。随之而来的名利让他不知如何自处,直到在禅定中找到自己,并发起了心灵公益项目"行走的力量"。

2016年的行走刚刚结束,主题是"让心开出花来"。一周左右的时间里,在没有手机信号、远离城市生活的环境中,陈坤拒绝明星光环、拒绝社会期待、拒绝标签和框架,以直接到几近粗暴的方式与内心对话。

◆ 一坨干净的牛粪

"行走的力量"于2011年创办,2016年是第6年。这一次行走川藏线,转山、翻垭口,平均每天徒步6小时。强度比过去5年要低,而且加了拓展训练和禅修课程。

这是陈坤在总结前5年经验教训的基础上做出的调整。他说想要更多地为参加行走的志愿者在心灵感悟上提供点拨。正式出发前的拉练,教练下了指示:"给你周围的人一个家人般的问候吧!"陈坤绽放出大大的笑容,张开双臂,把几个人结结实实地搂在了怀里。

这个上午,志愿者、媒体记者、登山学校老师、工作人员,每人至少得到了两个来自陈坤的熊抱。

出发前,有粉丝找到行走团队下榻的客栈,问陈坤能不能参加活动。陈坤安慰她:"不行妹妹,如果项目从你这开始例外,以后大家都来,我们会措手不及,希望你理解我,我知道你的名字。"

事实上,为了保证参加者是认同项目理念而不是喜欢陈坤本人,"行走的力量"选拔志愿者有一个重要条件:绝对不能是陈坤的粉丝。正式进入无人区前,队伍在藏区的小镇遇到了最后一批陈坤的粉丝。面色黑红的小男孩儿拉着妈妈的衣袖,兴奋地指指陈坤;大叔叽里咕噜地说着藏语,夹杂着仅有的两个汉字"陈坤";看小卖铺的大姐兴奋地丢下店冲出来,要看陈坤是不是真的在喝她家的酸奶……在此之后,随着手机信号逐渐降低到一格不剩,陈坤也彻底卸下明星光环,变成了普通人。

走完一天安营扎寨,陈坤穿着双白色夹脚拖鞋,掏出睡袋在地上晾着,蹲在帐篷旁边就着铁饭盒啃馒头。席地而坐时,有人纠结旁边的牛粪,陈坤接口说:"牛粪是干净的,你回北京能找

记录的是别人的故事
看到的
是强烈的共鸣

到这样一坨干净的牛粪和你坐在一起吗?"

晚上围在营地篝火边,陈坤对着手机唱歌,破音来得毫不犹豫。他说最讨厌唱歌没有瑕疵,有瑕疵才真实。一壶烈酒在人群中传递,陈坤一把接过,就着一群人喝过的壶嘴儿灌了一大口。

陈坤把"行走的力量"视为自己第二个儿子。他说"行走的力量"让他有一种存在的感觉,慢慢从一个被人照顾的明星变为照顾别人的人。

陈坤时常走在队伍末尾,因为能看到所有人。有人一脚踏空,他立马冲上去搀起来。他说自己"很喜欢当哥哥",每个参加行走的人都是他的兄弟姊妹。每天临到终点时,陈坤又往往紧走几步先行赶到,与所有人逐一击掌。他清楚地记得谁走在最后,并且告诉那个"万年垫底"的姑娘:"今天比昨天走得好。"

行走是另一种禅定

如此温柔的陈坤,在2011年第一次行走时几乎是不可想象的。

行走中一个重要的原则是"止语"。那一年,因为志愿者没有遵守"止语"的规则,陈坤气得对着镜头摔断了登山杖。

有志愿者直接对他说:"我觉得我们不过是你的一个工具,在陪你作秀。"陈坤觉得血液忽地一下上了脑子:"我陈坤要作秀有300种方法,何必用行走这种最蠢最笨的方式!"

平复下来以后,他用两个小时讲了自己的故事。

陈坤自幼父母离异、家境贫寒,和母亲、弟弟挤住在一个13平方米的房子里。十几岁起,陈坤一边读职业高中一边打工,后来学了声乐,机缘巧合去东方歌舞团当了歌手。又陪同事考试,误打误撞考上了北京电影学院。上学的时候,他盘算着租房子、分期付款买房子、吃涮羊肉……突如其来的名利打乱了他的全部计划。

记录的是别人的故事
看到的
是强烈的共鸣

2003年,《金粉世家》大火,陈坤红了。随之而来的是巨大的不安,他相信一件好事是另一件坏事的开始。他陷入长达5年的迷失,抑郁症、整夜失眠、好几次差点从窗边跳下去。直到有一天,打坐——一种他"仿佛生来就会"的放松方式,帮他安静下来。"那一天,有个东西打开了。我发现,对于我正在经历的一切,唯一的方法就是坦然面对。"他开始把突然拥有的财富视为一种考验,"觉得自己得到的比付出的要多,那就去回馈。"2010年与经纪公司合约期满,陈坤成立了自己的工作室"东申童画",做的第一个项目就是"行走的力量"。

陈坤认为行走是另一种禅定。在给友人书的一篇序里,陈坤写道:"行走的目的并非抵达,而是为了参悟漫长本身。"

2016年,陈坤请来活佛阿字仁波切为志愿者做禅修指导,他自己听得最认真。每天背着全套装备走在路上,陈坤手中拿的不是登山杖,而是佛珠。

一次禅修课上讨论,永远坐在第一排的陈坤突然转过身,指指自己的脸对记者说:"我前半生是靠天赏饭,之后就是为下辈子修行。"

脸有什么用？

一天下午，行走队伍即将过河时下起了雨。一直走在队伍最后的陈坤披上雨衣，大步上前，喊道："男的跟我下去搭桥！"

6名工作人员抬来一截粗壮的大木搭在河面上，陈坤和几个壮汉一起站进水里，把几十人一个个拉过了独木桥。

一个媒体人员当时忙着拍摄没穿雨衣，陈坤冲他大喊："不要拍我！赶快把衣服穿上！"

陈坤常说自己没有喜怒哀乐，只有高兴和发脾气两种。经常做完一个采访，陈坤就会去问工作人员，自己这一次有没有让别人难过。一天禅修课上，上师讲到，如果安定的力量在修行中成长，但是心中还有躁，修行的人可能会一会儿又唱又跳，一会儿又不让人理。陈坤瞪大了眼睛，小声跟旁边的人说："这不是说的我吗？"

对于"明星"身份，陈坤的感情有些复杂。他不排斥名声

记录的是别人的故事
看到的
是强烈的共鸣

与财富,但被团团围住拍照的时候,被一杯又一杯敬酒的时候,他会忍不住提醒:"我是一个人,然后是一个男的,最后是一个明星。"行走中的一次分享,陈坤说着说着似乎升起了一股无名火,双手抻起带给他光荣与梦想的脸皮,高声说:"脸有什么用?就是靠它混口饭吃而已!"但他也不讳言,自己还是想把这碗饭吃得长一点。

2008年,陈坤主演的《画皮》票房7亿,他拿到入行以来最高的片酬,片约潮水般涌来,"那种顺利,让我突然觉得是临死前的回光返照"。之后的8个月,他把自己关在家里,思考自己和表演的关系,结果发现,自己并不热爱表演,只是热爱这个职业所带来的一切。他专门演了几个配角寻找初心,此后更是息影两年。陈坤说,只要银行账户里还有些钱,自己就会稍微挑剔一点点,因为想要有点远离感。这种远离保持了他对表演的感觉。"其实对于我来讲,七七八八的演过了也就行了,你明白吗?"陈坤盯着记者,"但是对于我来讲,做好是来自自己的要求,而不是别人的要求。"

真诚得让人尴尬

除了自己,陈坤也在和各种各样的框架较劲。他认同一个对自己的评价 "帅里如 ",意思是"看起来很帅,实际真的很帅"。

陈坤曾十分厌恶一些词汇,比如"戏子""明星""花瓶",为此他拼命看书学习,想要摆脱人们对这个职业的偏见。现在他已不在意这些,但也背上了更多的标签:著名演员、公益人、畅销书作家、公司老板。随着身份增多,陈坤的社交圈日益扩大,他坦承"有一些只是打哈哈的关系,有时会让我觉得我的时间不是那么有价值"。

比起外界评价,40岁的陈坤越发在意内心的平静。独处的时候,他有时跟自己对话:"陈坤你是不是在沽名钓誉啊?你做了这么多年,不就是在标榜自己吗?"对话的结果是"我觉得我有一点儿"。

记录的是别人的故事
看到的
是强烈的共鸣

面对共同行走的兄弟姊妹,陈坤袒露出同样的直白。

志愿者问:"从76万报名者中挑选20名入选,最看重什么特质?"陈坤说:"就是随便点的,你们没多优秀,我也没有。"工作人员在旁边委屈得直叫唤:"我们都快熬死了!明明是我们一个一个选出来的!"记者问:"行走了一趟,坤哥会记住我们吗?"陈坤说:"当然不会。"

在陈坤自己的随笔集《鬼水瓶录》中,写了一个题为"空位"的故事——明星笑着与粉丝合影,但在照片中,明星的位置是空的。他说这是一种讽刺,人在心不在。自己有时也会这样,在参加一些宣传活动时做出礼貌得体的回答,其实心不在焉。但在行走过程中,"我把你们当成兄弟姐妹,我的心是在的。"

这位冷酷的大哥很容易被真诚击中。分享行走的感受时,一个男生讲起自己对已故父亲的不解和思念,陈坤揉着眼睛哭出了声。分享结束,陈坤说"我要抱抱你",拍着背给了他一个拥抱,然后把自己和去世外婆的故事讲给他听。但他拒绝接受来自旁人的赞美和感谢。"因为是个明星,很容易把一些不重要的事情放在我身上显得重要，我不是特别喜欢这个。"

冷风吹得帐篷哗哗响，冻得双手插兜的陈坤真诚得让记者们有些尴尬："每次活动到最后问'你有什么感觉'每个人面子上过不去，怎么憋着也说两句，'啊，我觉得挺好的。'其实我不明白吗？这也就是句客套话。或者说'感谢坤哥花这么多时间陪我们'，不过是一种同情。"

2016年，陈坤14岁的儿子也参加了行走。一路上，这个父亲给儿子按摩、在休息时和儿子吹蒲公英、把食指竖在嘴唇上提醒他止语。活动结束时，陈坤问儿子有什么收获，儿子酷酷地回答："空气挺好的。"

最后一天的庆功宴上，原本是需要活动发起人说几句漂亮话的场合，一身运动装扮的陈坤开口了："你们不用感谢我，'行走的力量'根本就是个可有可无的东西。为了成为更好的自己，他妈的拍掌吧！"

回到北京第一天，陈坤就忙着赶好几个通告，在从一个活动赶去另一个活动的车上，他用手机参与一场直播。视频中的陈坤，发胶做出精致的飞机头，说话抑扬顿挫，表情丰富，用各种

记录的是别人的故事
看到的
是强烈的共鸣

搞怪和小机灵与网友互动。这是行走中不常出现的状态。

"我不接受框架，虽然我回去还是要接受所有的标签。"行走途中的一次分享中，跪在防潮垫上的陈坤大声说，眉毛没有动，眼睛也没有放电。

或许只有在行走中，才能见到这样的陈坤：

途中一个清朗的傍晚，所有人坐在圣湖边。抬头就看见雅拉神山终年积雪的山顶，一道瀑布直泻而下，触手可及的天空传来隆隆的雷声。

坐在第一排的陈坤转过身来，柔声请大家闭上眼睛，他要为所有人唱一首《心经》，他说唱这首歌的时候，自己是最干净的。

歌声、水声、风声、雷声，有人流下了眼泪。

歌毕，陈坤睁开眼睛，望着所有人说："相信我，现在这种干净的感觉，回去以后马上就没有了。你们也不会经常见到陈坤，我继续当我的演员，你们继续当你们自己。"

这位种草莓的大叔，当年是与朴树齐名的歌手

文：韩逸

他身边一直有本《百年孤独》。从南方带到北京，再从北京带回南方。书从几本变成了一整箱，他不舍得丢，和那把用3000块钱买来的二手吉他一起，哼哧哼哧背回去。那些给过他精神给养的书，曾经变成他不得不呐喊的声音，又跟他一起沉默地回到故乡。

记录的是别人的故事
看到的
是强烈的共鸣

记录这个时代
值得被记住的人

1

如果不堵车,从南宁市中心驾车去七坡机场草莓园需要45分钟。

在这段时间里,农场主尹吾的黑色现代SUV上只听得见空调嘶嘶吐气的声音。他的车上没有一张车载CD,他不听任何一个广播电台里的流行音乐,他没有播放音乐的习惯——有至少十年的时间里,他什么歌也不听。

"每日人物"目睹了这个场面:他坐在一张餐桌旁,旁边是自己的朋友、南宁本地的一位音乐人卢明,一起听南宁广播电台的一位编辑神侃。

"南宁来了多少歌手办演唱会,都是我主办的。你知道吗?后弦回南宁,是我管的;弦子的演唱会,是我管的;张杰来广西办的演唱会,也是我管的。"

卢明唯唯。尹吾从头到尾都没有说话,头一直低着,偶尔抬头,是在往火锅里下肉。"快吃,不然粘锅底。"

如果你不熟悉他，很容易以为这个47岁的中年男人跟音乐没什么关系。

正相反。

他17年前录制的专辑《每个人的一生，都是一次远行》在豆瓣音乐被8447个人评论，得到9.0分。这意味着有5000多人听了这张专辑，并给出了五星好评。

这也是他出过的唯一一张专辑。作为麦田音乐制作公司"红、白、蓝"三原色系列音乐专辑里的"红"与"白"——朴树的《我去2000年》、"蓝"——叶蓓的《纯真年代》一起，在20世纪的尾巴上酝酿，带着制作人震动新千年的期待。

现在，他是南宁一家草莓采摘园兼农家乐的主人。娶妻生子后，炒股挣钱、买菜做饭、送孩子上学。剪掉了中分长发，留起了利落寸头，脸上和肚子上都有了更多肉。微信昵称也改成了草莓生态园的名字。

向别人自我介绍时，他会露出一个中年男人略带憨诚的笑容，调侃自己："我就是个打酱油的。"

记录的是别人的故事
看到的
是强烈的共鸣

记录这个时代
值得被记住的人

2

吃完火锅,三个人回到办公室喝茶。

尹吾对卢明说:"知道刚才为什么我没有理你们吗?我是故意不说话的。那些东西跟我一点关系都没有。"

卢明说:"对对,我们只是音乐工作者,你是艺术家。"

尹吾不吭声了。

他上半身微微斜着,皱着眉头,语速缓慢,偶尔用大拇指支着太阳穴搓一下额头,像是这样能帮助回忆。即便说到"牛逼牛逼",他的声调也没有任何变化,而是带着一点完成家庭作业般的满不在意。

他的青春岁月已经很远了。

他仍然清楚地记得第一眼看到朴树的样子。平头,很紧的紧身裤和很高的高腰皮靴,很酷。不过他不记得自己究竟穿了什么,大概就是普通日常的衣服,但他可以肯定,不是西装衬衫——那时候他用来糊口的工作是医药代表，西装衬衫是外出推销时最经常的穿着。那天，他避开了这身行头。

这份工作和音乐人有很像的地方，都是拿着自己的产品或作品到处自荐，再被反复拒绝。在这之前，尹吾鼓着勇气，把自己的小样送到了所有知名的音乐公司，但都没得到一个字的回信儿。

"谁理你啊，可能听都没有听。"

改变专辑命运的见面是在亚运村的一间办公室里，在1996年。那天宋柯在，朴树也在，大家都是年轻人，没太多寒暄。来了？坐。小样带了？听听，听听。几首歌放下来，一屋子的人都点头，牛逼牛逼。

临走的时候，宋柯把合同递过来，尹吾接了。晚上，宋柯又打来电话："怎么样哥们儿，没什么其他的就签了吧。"他几乎没怎么犹豫。

当时麦田公司的企划、日后的知名音乐制作人付翀对"每日人物"回忆："我刚到麦田，跟高晓松说：'朴树歌写得好听，但太柔弱；叶蓓的辨识度不够。咱们要是能签一个像刘铮

(台湾知名男歌手)那样的艺人多好。'就第二天，听到了尹吾，我说，这不就是我们想找的人吗？没想到是一个矮小的南方人。"

尹吾与朴树、叶蓓是麦田"红白蓝"。

就这样他成了麦田签下来的第一个男歌手，合约3年。

3

"都在虚度。"尹吾这样总结那3年。

发动车子之后的那么一两分钟里，他抓紧时间看了看股票的走势，及时买进卖出。今天的他觉得那东西更实际，至少是养家糊口的必须。

签约麦田之后，他一度相信自己靠做音乐可以养家糊口。就像一只"绩优股"，当务之急是怎么写出几首"牛逼货"。没灵感的时候，他就在北大清华随便逛游。图食堂吃饭便宜，还托认识的学生买了一沓饭票。三角地的讲座，感兴趣的不少。杨振宁的得去，厉以宁的也得去，还得提前霸位子。电影放映也去看，《阳光灿烂的日子》《巴黎最后一班地铁》。书更不少淘，北大南门的风入松书店，北岛、舒婷、卡夫卡，遇到什么就看什么。

他那首后来被乐评人李皖撰文称道的《出门》，就是给卡夫卡的一段文章谱上了曲。

"20世纪知识分子的所有勇气和困境，20世纪现代艺术的所有价值和悖论，都在这篇不足三百字的散文中，暗暗地凝结了。"

在那时，原创音乐和地下乐队像冒尖的笋，遍地都是。在那群带着梦想北漂的人当中，尹吾根本不算特别。在北大西门画家村的平房里，他认识了另外两个喜欢音乐的年轻人，一个是学京剧的山东小伙子，比他小两岁，唱歌很有爆发力，特招外国姑娘喜欢；还有一个是清华毕业生，和他同岁，唱歌挺文艺。

那时候他们和画家们喜欢互相聊天，吹牛逼。有一次，山东小伙儿对画家们说，将来他要发专辑，去美国开音乐会，其中一个画家反问了一个字："你？"那个长长的尾音和鄙夷的眼神，深深地印在了尹吾的脑海里。

记录的是别人的故事
看到的
是强烈的共鸣

没人能听出山东小伙儿声音里的爆发力,尹吾听得出,觉得他能成。那时候大家都饥一顿饱一顿,他还借给了山东小伙儿50块钱。

"音乐是情绪化的,能在舞台上更夸张地表达出来,你就牛逼。"

后来,他们几个都发了专辑,清华毕业生还组了乐队。山东小伙儿的名字被所有摇滚乐迷记住了,他叫谢天笑。清华毕业生是卢庚戌,他的组合也在全国出了名,叫水木年华。

但尹吾没能像他们一样星途坦荡。他的专辑,3年都没有出来。

4

"诗人""遗珠"。如今,网易云音乐的专辑评论区里,喜欢他的歌迷不吝对《每个人的一生,都是一次远行》这张专辑的赞美。

有人"震惊",有人"满腔热泪",有人听完多了活下去的勇气,有人却更想去自杀。相同的是,他们都喜欢在心情不好的时候打开它,等待被安抚,或者被点燃。

当年,它带给尹吾的却是压力。

"奔三张儿的人了,还靠家里养活,每天不知道要干吗。"签约的兴奋过去之后,就是漫长的创作和等待。每隔两三天,他就往公司里头打电话。

"最近什么安排,有活动吗?"

"准备了准备了。"

对方总这么回他。既然在准备,那就不好做其他事情,专心写歌吧。

那天,在北大食堂排队打饭的时候,他脑子里突然哼出了"活着就是受罪,活着就是劳累,活着还得互相安慰,活着就会憔悴"这么几句词儿,他心里一紧,饭不打了,端着饭盆冲出学生的长队,一溜小跑回到住处。记下歌词,抱着吉他,一点一点把它们唱成曲调。

整首歌《你笑着流出了泪》完成之后,他躺在床上,饭也不吃了,沉浸在一种巨大的快感中。

记录的是别人的故事
看到的
是强烈的共鸣

记录这个时代 值得被记住的人

　　他确实想要真诚。每一首歌都是在心底里反复徘徊的声音，鼓胀着，不得不破土而出。"尹吾告诉你，语言也是一种作曲的容器。"李皖在《我听到了幸福》一书中诠释尹吾的作曲方式。

　　因为资费不足和其他当事人都无从总结的原因，直到1999年尹吾期满解约离开麦田音乐的时候，已经录完九成的这张专辑都没能发出来。最后，尹吾自费进录音棚重新录了一遍，委托付翀的新蜂音乐代为发行。一直到今天，他还是会为自己当时的音准不准懊恼，也觉得编曲远远没有达到预期。

　　"朴树的专辑上做了返工。之前先做了一个版本，不太满意，重新邀请张亚东当制作人，很多编曲重新推翻了……那段时间麦田本身的状态不是太好，就耽误了尹吾的发行。"付翀回忆，"我们当时可能都没有那么多经验。有的事只有上帝，安排故事的人知道。"

　　这张专辑发行了两千张。今天，这两千分之一在网上一"砖"难求。有人把黑胶版卖到了550元一张，有人出售盗版CD，很多人把《每个人的一生，都是一次远行》奉为一张"神砖"。他们身怀着各种各样的故事，有人说："这哥们儿是我活明白后真正喜欢听的华语歌手，再无其他。"

还有人在评论区寻找同类。相隔一年的同一天，两个人不约而同留下了同一句话。

"有些人的人生，一张专辑足矣。"

5

喜欢的人都夸那张专辑很好。但从市场反响来看，当时并不成功。高晓松的民谣专辑《青春无悔》出来以后，一天就收到几百封来信。他没有。

"可以肯定，那是一张被低估的专辑。"当年负责麦田公司专辑宣传和发行的张璐对"每日人物"回忆，出乎他意料，圈内人对尹吾已经推出的单曲有着出奇一致的好评。在其他媒体乐评人的强烈推荐下，他甚至一度觉得，自己应该回去重新听一下尹吾的歌。

记录这个时代 值得被记住的人

走出了录音棚,尹吾又体会到童年时就有的孤独感。

他的母亲是地道的北京人,毕业后分配到南宁工作,一下子孤零零地被甩到了一片陌生的地方。他从小跟母亲学说话,口音里不自觉地带上点京腔,被小伙伴以为是北方人。他也一直把自己当作北方人,心心念念地想回到那片血脉相连的土地,重新扎根。可是到了北京,人家一听他的南宁口音,"一张嘴就知道,你是南方人。"

他也有快要抑郁的时候。无所事事的北大时光里,有好多个晚上睡不着觉。他就跑到圆明园跑步,去了一看,嚯,凌晨一点,不少人在那儿跑。他感到了在北京的好处,不管做什么奇怪的事儿,都有人跟你一起。

心情郁闷的时候,尹吾喜欢独自开车爬上南宁的青秀山顶。那里的晚上很静,能看到整个城市的风景。最孤独的是准备回家的时候,"感觉自己就像一只在玻璃窗前百折不回的苍蝇,放弃或者完成,都倍感力不从心。"

他唯一的愿望,就是把这张承载了太多人期待的专辑发掉,然后再也不和音乐行业发生任何关系。

他最终回到了南方。在那之前,1999年的最后一天,他录完了专辑,去听崔健的跨年演唱会。在东四附近的一家酒吧,很燥、很尽兴。过了午夜12点,他一个人回家,外面还有厚厚的雪。他走出酒吧的一瞬间,窗外一阵冷风,人群熙熙攘攘。站在脏乎乎的雪地里,他想,新千年这就来了,可我还不知道未来要去干什么。

他身边一直有本《百年孤独》。从南方带到北京,2000年再从北京带回南方。书从几本变成了一整箱,他不舍得丢,和那把用3000块钱买来的二手吉他一起,哼哧哼哧背回去。那些给过他精神给养的书,曾经变成他不得不呐喊的声音,又跟他一起沉默地回到故乡。

6

10月末,草莓开始种植的季节,生态园里的日头总算不再那么猛,黄豆发酵的味道淡淡地从戴着草帽的一排排酱油缸子里冒

记录的是别人的故事
看到的
是强烈的共鸣

出来。那是他现在农场产品链的最后一环。

南宁的夏天太长也太热,客人很少。草莓采摘园做到第五年了,也仅仅不亏不赚。

太久没客人,草莓园里的农家乐餐厅,桌子上落满了灰尘。

"你应该就在咱们这个草莓采摘园里举办一场演唱会,会有多少人来听你想想,那会给咱们这个采摘园的知名度带来多大的好处!"一位朋友当面激烈地对他说。

"我跟你是鸡同鸭讲。咱们俩说的不是一回事儿。"他不知是第几次拒绝了。

其实他没有遵守自己"不再跟这个行业发生任何关系"的誓言。回到广西的最初,他成立了一家音乐公司,想把广西当地的优秀歌手集合起来,最后发现挣不到钱;他还开过音乐培训班,想培养在音乐上有天赋的孩子,为此还回过北京寻求帮助;也有朋友劝他继续写歌唱歌,他觉得自己的音乐不如朴树那样自然,多了些人为学习的"匠气"。

诸如此类的几次失败后,他不再听歌,专心炒股、做生意。

再一次听到自己的歌是在几年前。朋友把链接推送给他看,尹吾才知道自己的专辑被放到了网易云音乐。他细细看了几页留言，觉得意外和感动。

他的一首歌《繁殖吧，生命短促啊》来自《百年孤独》里的一句对白——"繁殖吧，母牛，生命短暂啊！"看到网友们在评论区里留下各种各样的文字，说着这首歌与《百年孤独》的关系，尹吾一下子觉得自己被打动了。他以为自己不会被理解。"那么厚的一本书，那么多句话，可他们偏一下子就知道了，这多神奇。"

对大叔尹吾来说，音乐不再是安身立命之本，而是一份给他带来快乐的业余爱好。

"我感谢这个时代。互联网把有同样兴趣的人聚集在一起，喜欢一张专辑的人能够轻易找到彼此。"他说。

"我的音乐已经过时了，可有些东西能够穿过时光，抵达一些人的心。我的歌就是那个时代的一种精神密码。他们肯定的，是那些歌词想表达的东西，而不是专辑本身的音乐形式。"

记录的是别人的故事
看到的
是强烈的共鸣

7

从今年5月份开始,一群年轻人会定期来到尹吾的办公室里排练,然后直播。平台是快手。

尹吾像平时分析股票走势一样关注着点赞数和观看数,在直播结束后分析复盘。他像个真正的大叔一样细致地关心着每一件事情,鼓手的凳子带了吗?水买了吗?吉他手的吉他线哪儿去啦?

未来的宣传方向他还没想好,也许是大家一起在酱油缸旁边弹唱,也许是其他形式。但是他认定,有流量需要先做内容。

为了跟上流行,他不得不开始听歌,知道了《中国有嘻哈》。但无论年轻人觉得那多么燃,他都没法听得进去。他打开,没有几分钟就关掉了。

有一天,尹吾发现自己的歌曲评论一下子暴涨。后来才知道,是丁磊在他的一首歌下面评论:"真心不错的歌手。"网易云音乐的小编因此给他的专辑做了推荐,这是他最近一次以"音乐人"的身份出现在公共视野中。

"我现在也没什么热点可蹭,你们如果要写我,可以考虑蹭一下丁磊评论的热度。"他熟悉网络小编"蹭热点"的那一套,热心给"每日人物"出谋划策,"你可以去看看,我可能是丁磊在专辑下面留言评论的唯一一个音乐人。"

实际上,丁磊曾经给不少音乐人评论。他不知道。

他还是那么完美主义。前几年,《中国好歌曲》找到他,几乎成功。他一看条款,规定他要让出歌曲的改编权、商业使用权,还要配合出专辑、搞宣传。于是他拒绝了。

现在,网易云音乐又找到了他,在策划一场演唱会,大概明年。

他希望这场演唱会是这样的:"那些我的老歌迷来,大家见一下,不收门票。我怕辜负他们的期望,没有值回这50块钱。你愿意来听,我就愿意唱给你们这些人听。"

在排练室,能看到《每个人的一生,都是一次远行》。小小的一抹红色躲在窗台上,和清洁剂放在一起。年轻人们都听过尹吾的歌，但他们更偏爱《中国有嘻哈》里的节奏，他们觉得尹吾的那张专辑有点"负能量"。

当年陪着尹吾录制专辑的吉他已经落满灰尘。前几天，一个女学员需要一把练习吉他，尹吾买了一把新的给她。他完全忘了它的存在。

◆
◆
◆
◇

叶蓓：《青春无悔》的前奏一响，我和老狼都哭了

文：杨璐　肖舒妍

叶蓓和好友老狼，在那个校园民谣盛行的年代，她被誉为"民谣天后"，《白衣飘飘的年代》《b小调雨后》还有同老狼合唱的《青春无悔》等代表作，承载着一代人的青春记忆。

记录的是别人的故事
看到的
是强烈的共鸣

记录这个时代
值得被记住的人

1

（以下为叶蓓口述，已经叶蓓授权发表）

某种程度上来说，高晓松是改变我人生的人，虽然第一次见他时，我根本不知道他是谁。

那时我在中国音乐学院读大一，不想再问家里要钱，就开始自己勤工俭学。一开始是在酒店大堂弹钢琴，弹了不到一年，很无聊，有一次弹着弹着自己都睡着了。之后就去disco和pub驻唱，在左家庄胡同里一家叫"百灵"的pub里，我遇见了高晓松。

那天店里一个客人都没有，我选了自己喜欢但基本没人听过的歌——凤飞飞的《老情人》。唱完后，艺术总监说高晓松找我。我说高晓松谁啊不认识，他说是《同桌的你》的作者。那会儿这歌挺火的了，连我妈都会唱，但我那会儿有那种来自艺术院校的臭清高与傲慢，没太怎么研究国内的歌，对高晓松也一无所知。

我走过去一看，发现是一个瘦瘦的、尖下巴、长了特别特别多青春痘、头发乱糟糟的人。他说这里我唱得最好，难得的是在嘈杂的环境下唱自己想唱的作品，让我留个联系方式，看能不能帮他录个小样。我问他什么是小样，他说你就录吧，给大腕儿听的。

大概一个月后，宿舍一楼老大妈呼叫我，是高晓松找我，让我去录歌。那天下着雪，我请了假，坐着小公共倒着地铁，找到阜成门胡同里的小柯家。刚一进门，我就觉得来对地方了。小柯那间12平米的小屋除了一张用来睡觉的床，堆了一屋子设备，电脑、音源、琴、录音机。

在小柯家，我认识了老狼。第一次见他，我说他长得真像郭峰。我们泡在小柯家，录了《青春无悔》《白衣飘飘的年代》《回声》和《b小调雨后》的demo。

录完后我老惦记着这事儿，总盼着有他们的消息。大概过了两周，室友鼓励我联系高晓松，我鼓了半天勇气打给他，他说因为丢了我的联系方式一直设法在找我。但后来还是没消息，我也就淡忘了。

记录的是别人的故事
看到的
是强烈的共鸣

> 记录这个时代
> 值得被记住的人

过了大概一年多,一次旅途中,我妈说高晓松来电话了:决定把之前录制的那些小样给我唱。

那是高晓松的第一张作品集,他本来想全部用大腕,刘欢、老狼、小柯、零点乐队这些人。我录的那几首他先后给当时一线的好多女歌手都唱过,他说唱准节奏的都很少,更别说唱出那个意思来了。后来老狼说,你非要用大腕吗?这不就唱得很好吗?大家既然都是年轻人,不该那么世俗,就决定启用新人。

这些人里,除了我之外全是男的。那时候去中央人民广播电台1号棚录歌,晚上10点才开始录。我当时才大三,我妈怕我学坏,就跟着我去录歌。

高晓松和老狼在广播电台门口接我。他们俩那时候都很瘦,尖下巴,长发披肩,满脸青春痘,格子衬衣皮夹克,腰上露着栓火机的银链子,还有一双大军靴,是当年不正经年轻人的标配。

一看见我们,高晓松就说,阿姨您怎么来了,我妈说没事,我晚上睡不着觉过来看看我闺女唱歌,结果一进去刚坐那儿就开始打盹儿。第二次,我妈又跟我去的时候,高晓松跟我妈说,阿姨以后这录音您就别来了,我们都是好人。

录《青春无悔》的那天晚上，录音棚里黑着灯，我们都光着脚。唱的时候，老狼哭了，高晓松问他为什么，他说他想起和女友一起在学校门口树上刻下的字。

这首歌是高晓松大三时写的，当时他走南闯北流浪了一圈后回到北京，找到吉他时已经只剩下了三根弦。真正唱这首歌时，我还不到二十岁，还处在比较茫然的阶段，但他们都已经工作了，青春的这一部分好像真的已经过去了，很多那个时候的事和画面，都一去不复返了，所以会有更深的感触。

直到很多年后，高晓松想起那时我们录的《回声》，还是会觉得特别钟爱最后那句歌词：你挥一挥手，正好太阳刺进我眼睛，我终于没能，听清你说的是不是再见。

2

1996年，《青春无悔》发行，我还是大学生，请到假就配合公司做宣传。那时的演出基本都是进校园，跟串门儿一样。我们

记录的是别人的故事
看到的
是强烈的共鸣

大家都一起去，黄昏时在学校摆摊儿签售，在黑乎乎的礼堂里唱歌，宿舍熄灯后和学生们在路灯下继续唱歌。

印象最深的是和老狼、高晓松、郑钧、刘欢还有零点乐队一起去复旦大学。礼堂爆满。我当时还是学生，就穿着白衬衫牛仔裤，也没有什么明星样儿，去后门人家也不让我进，说要票。后来好容易进去了，唱完出来，一簇一簇的人一路跟着我们到车上，大声喊，我爱你谁谁谁。

去北京外国语大学演出那天，高晓松都哭了。演出结束后，好多快毕业的男生站在女生宿舍楼下高唱"谁娶了多愁善感的你"，女生们开窗一边哭一边看着这些男生。我们走后，同学们都打开窗，拥挤地趴在窗户上探出头来，看着我们走过小马路，感觉特别幸福。

《青春无悔》发行后，歌迷来了好几麻袋的信，我们每天就去公司拆信，几乎每封信都是乐评。后来统计下来江苏地区写信的人最多，高晓松就决定当年年底在南京五台山体育馆办一场音乐会。

音乐会那天，万人体育场里坐满了人，外头也挤满了买不着票的人,天又特别冷,后来我们干脆打开门让大伙都进来了。那英回后台换了件衣服,再回来就进不去舞台了,到处都是人,最后是从人头顶上爬上台的。

那时候,我成天跟老狼、高晓松、郑钧、朴树、宋柯这些人混在一起,吃公司阿姨做的饭,玩扑克牌、聊人生、聊艺术、聊生活、聊爱情、聊他们的青春。我那个时候就是一个跟屁虫,跟着他们一块儿去夜店、一块儿看演出、一块儿品头论足。他们非常非常符合我的审美,照北京话讲,这几个人都挺起范儿的。

发了《青春无悔》,我就算是出道了,一出道就特别顺。1998年,高晓松用《青春无悔》挣的钱给我出了单曲《蒲公英》。那时候所有的计划都是推着我走的,不用我操心。后来,我还唱了郁冬的《纯真年代》和《在劫难逃》,他的词特别好,曲也是出奇的好听。

后来搜集歌的时候,高晓松说,你是学音乐的,你能不能自己写几首歌?我从来没有想过要自己写,就问他,那是从词开始写还是从曲开始写?他说,你从最具象性的东西开始。那个时候

记录的是别人的故事
看到的
是强烈的共鸣

我住在214楼1门14号,他说你就写214楼1门14号,这个就是你这个歌的主题,你就写这个门牌号之内的故事。

从那时起,我也开始陆陆续续地写歌。我的第二张专辑里《蓝色》的词就是我自己写的,写的是我的初恋。

1999年,世纪末的最后一年,高晓松想了一个"红白蓝"的概念,因为他当时非常喜欢这个系列的电影,于是,就出了"红白蓝"系列唱片。朴树的《我去2000年》是白色封底,我的《纯真年代》是蓝色封底,再加上尹吾的是红色封底。

那一年,高晓松30岁,老狼31岁。高晓松拍完了自己的第一部电影《那时花开》,老狼唱了电影的主题曲《月光倾城》。大家好像都在做着一些什么,同时也在告别着什么。

3

后来,唱片市场慢慢变差,校园民谣也渐渐降温,我们这帮人也渐渐回归到各自的生活中。

高晓松搬到美国过日子去了,拍电影、搞音乐、当评委,他是那种随时跟着时代改变的人。我们经常通过网络聊天,不过他不会把我当哥们儿,我永远是他的徒弟。

老狼就比较慵懒,结婚生娃后基本上是半退休状态,这几年慢慢又玩起乐队。他是一个没有被时代改变的人。

我有一段时间把自己搞得非常忙,演出、录像、采访、开歌友会……好像每周到一个固定的时间都要拖着箱子去流浪,睁眼起来也搞不清楚在哪个城市哪个酒店,一两个月也不回一趟家。我还得参加颁奖礼这种争奇斗艳的活动,每个人都打扮得像个小妖怪似的。我觉得那不是我,我喜欢穿球鞋,我是一个想说什么就说什么口无遮拦的人。但这些活动又不得不参加,因为公司想弄这个那个奖。

2008年的时候,我在音乐和生活之间做了个选择,选择要更多的生活。后来我就没那么忙了,结了婚,过上了最普通的生活,去菜市场买菜、坐地铁、在家练琴……创作的东西并没有停,只是没有发行。

有一次生日喝了点儿酒,管虎说,小叶你是有使命的,就这么糟践了这个天赋。他觉得《白衣飘飘的年代》是多么辉煌,后面的人如果不会唱这些歌那就趁早别唱了。他认为我的创造力是无人能替代的,但我不是那么努力。

高晓松也说过类似的话,大意就是我这都是和老狼学的,没事儿就待着,好几年出一张专辑,但这对于我和老狼来说,应该是让我们最舒服、最松弛的方式。

曾经校园民谣的那拨人,其实最可惜的是郁冬。高晓松经常跟我们夸他,说他们一二十人在清华东大操场上传吉他写歌,郁冬写出来的是大家最赞叹的。但2001年的时候,他自己的生活中出了一些状况,对他打击很大,从那之后,他就基本从音乐圈隐退了。

老狼2007年办了一场"老狼和朋友们"的演出。演出前,他给郁冬打电话,邀请他来现场玩,但他最终还是没有出现。那天晚上,老狼的开场曲用了郁冬作词作曲的《来自我心》,紧接着又唱了他的《北京的冬天》。

现在,老狼还会偶尔和我聊起郁冬,一直觉得他是"天才"。这些年,每一年郁冬过生日,老狼都会发一个微博。有一年发的是郁冬作词作曲的《时光流转》——"时间原来就是这么简单,轻易地改变我们的笑脸,春去秋来飘落下的花瓣,重复在我们的身边。"

4

我们这群人再次聚在一起是2012年,高晓松打电话给我,说要把当年那帮人都聚到一起办一场名叫"此间的少年"的音乐会,我立即就响应了。

排练时见到大家,老狼、晓松、小柯,好像都胖了一点,但我觉得他们依然非常生动,大家天南地北地聊起过去的事儿,一些场景就像过电影似的一幕幕回放。当时的感觉真的是岁月如歌。我就想着,要是天天能排练就好了,没观众,没压力,能跟最好的音乐人在一起多开心。

在北京演出那天,五棵松全场爆满了,所有人都是为了听青春的记忆来的。这么多年后大家还在一起,在舞台上再唱那个时候的颜色和音符,能感到时光"嗖"地一下回到了过去。

《白衣飘飘的年代》前奏响起,我刚唱了第一句"当秋风停在了你的发梢",追光灯打到我身上,眼泪突然就控制不住像开了闸一样。我当时心里想,我是个职业歌手,应该要把最美好的声音传递出去,应该学会控制。后来又有一个瞬间说,别控制了。那个感动的东西是很自然流淌出来的,当时就突然特别想要拥抱他们。

我没上过班,我们这群人是一块儿玩着长大的,彼此的青春互相见证。十来年的记录在音乐响起时一下子都回来了。狼哥、晓松、宋柯,大家都老了。他们现在还管我叫小叶,跟以前一样。

老狼唱最后一首歌《恋恋风尘》前,高晓松在一旁说:"我们为什么会唱歌?这句歌词会告诉大家。"那是他们俩最喜欢的歌,歌词里说了他们最想说的两句话:"相信爱的年纪,没能唱给你的歌曲,让我一生中,常常追忆。"

这几年,我见的最多的是老狼,总在各种演出前后碰到。半年前,他在纽约时代广场旁Town Hall办演唱会,让我去当嘉宾。那天,很多人从华盛顿开了好几个小时的车,冒着雨排着长长的队在门口检票,其实都是对自己青春的回望。

那个剧场特别老,是环形的,楼上楼下两层,座椅上铺着红色的软布,舞台上垂着雕着花的幕布。剧院后台也很古老,木地板磨出了一条一条的纹路,是有无数人走过的痕迹。连灯光也特别古老,打到有一点点尘土的木板上,台上散落着零零散散的线,钢琴响起来的时候,哎呀,我心都碎了。我和狼哥两个人在侧台口相互拥抱一下,就上去了。

对于很多观众来说,这回老狼来了,叶蓓来了,这事儿完美了。对于我们自己来讲,就是把当年那些青春的事儿都在歌里唱出来了。

《青春无悔》这首歌,我和老狼不知道合唱了多少次,但每一次唱,还是会特别动情。有一次排练,前奏刚响,我们两人对着看了一眼,哗哗地,眼泪开始流。看对方的那一眼,其实是一种特别深层次的情感,这种情感跟爱人不一样,像家人一样。所以他会说,叶蓓是我演唱会永远的嘉宾。

现在,一个人待着、喝了点酒的时候,我经常会回想起过去那段日子。就像七彩的水果糖一样,青春很新鲜,也很甜,但一

记录的是别人的故事
看到的
是强烈的共鸣

块糖吃完了就没了,青春也一样,过去了就不复返了。我最新写的一首歌,和许巍合唱的《流浪途中爱上你》,歌的开头,我就写道:我和每一分每一秒道别离,飞逝而去的是风景,飞逝而去的是时光……

但我们曾经唱的那些歌,早已经不是几首歌和几个人了,这就是一个时代。

「无论郝蕾变得有多胖，我依旧那么爱她」

文：安小庆

像郝蕾这种人吧，笑起来很好看，但下一秒总担心她会流泪。有人说："永远都喜欢看郝蕾这张破碎的脸，她就一直都是《恋爱的犀牛》歌里唱的那样：享用我吧现在／人生如此飘忽不定／想起我吧将来／在你变老的那一年。"

2017年，戛纳电影节70周年，曾经的"毯星"范冰冰携13箱华服出现，头衔：评委。在红毯和评委介绍环节，看了太多中国锥子脸的法国工作人员一度搞错了她的脸和代表作。

记录的是别人的故事
看到的
是强烈的共鸣

回溯戛纳历史，50周年请的是巩俐，60周年请的是张曼玉，70周年——范冰冰。这不禁令人生疑：当下，到底谁才可以毫无愧色地代表中国演员的最高水平？

其实，这位演员也去了戛纳。她参加了影展致敬黑泽明的活动，但通稿一篇没有。她跟随行的翻译小哥聊萨特、聊演戏，聊到具体一个情境该怎么演，就站起来演了一遍。她还是像过去那样逮着谁就跟谁说"我是演员，不是明星，我会演到八十岁"，即便这是一个明星全面崛起，演员濒临灭绝的时代。

她是郝蕾，一个希望成为"女艺术家"的演员。

"我是一只鹰"

1978年出生，15岁开始学习表演的郝蕾，是不折不扣的年轻老艺术家。据她自己回忆，3岁时就指着电视机告诉奶奶，长大了要进到里面去。上初中的时候，她逼着同学听自己唱歌，说："你现在不找我签名以后可就难了。"

1997年,19岁的郝蕾出演了称得上大陆青春片鼻祖的《十七岁不哭》。在所有学生演员里,她的年龄是最大的,剧组曾担心上大学的她是否能演好高一学生,但最后她成了所有演员里最亮眼的那一个。勇敢倔强、棱角分明的"杨宇凌"是她的第一个角色,在那部戏里,已经能够看到她的早慧和灵气。

两年后的1999年,还是上戏学生的郝蕾去看话剧《恋爱的犀牛》。在剧院的后台,编剧廖一梅第一次见到郝蕾。多年后,她跟郝蕾说:"那时候你身上就有股特任性的劲儿。那个劲儿特别像'明明',是控制不了身体里的能量、欲望、荷尔蒙,所有一切对世界的企图都要从身体里喷出来的感觉。"那一年,郝蕾连看了四场《恋爱的犀牛》,她想:要是我演明明就好了。

2002年的《少年天子》是青年郝蕾的第一部古装片。她演了一个被欲望摧毁而怨愤怅然的后宫女人。她神经质、癫狂不羁,恍惚但同时充满决断,嘴角的轻蔑和不屑,让观众无法想象这样的爆发力来自这样娇美丰饶的身体。

之后紧接着的两年,她先后接演了或许是她演艺生涯中最重要的两个角色:《恋爱的犀牛》的明明和《颐和园》的余虹。

记录的是别人的故事
看到的
是强烈的共鸣

记录这个时代
值得被记住的人

在那几年里,她没有禁忌,没有方向,没有规范,遇到什么就演什么,肆无忌惮地实验和释放自己作为演员的生命力和技艺。每演一种类型,就在那个领域里留下个人风格强烈的代表作。对观众而言,郝蕾的红衣版"明明"是独一无二的破碎之花和舞台上的野玫瑰。导演孟京辉说:"郝蕾是用灵魂演戏的人。"

郝蕾也坚信自己是为表演而生的。她给来采访的记者讲斯坦尼拉夫斯基和布莱希特,她说,除了演戏,所有的事情都不是她的工作,包括接受采访。"我是一只鹰,你不要老让我去排队,大雁才排队呢。"

高级美

出道快25年,骄傲和自负似乎一直都挂在她扬起的嘴角和脸上。她以桀骜、倔强、"难搞"、演技远远红过本人而存在于演艺圈。

在中国技术派的演员阵营里,郝蕾实在算不上高产,也算不上得体炫目的明星，她从不惮于把"我的梦想是要进入表演教科书并成为表演艺术家"挂在嘴边，也用一个一个的作品给自己留下了进入表演教科书的资本。

《颐和园》就是其中最有分量的一个。

最初，郝蕾多次拒绝了导演娄烨，但娄烨一定要等到她。很久后，她才在一部纪录片中看到他说："为什么选择郝蕾，因为她是那么多演员里唯一拒绝这个角色的，并且她拒绝的理由是会失去爱情。这是余虹能说出来的话，所以我一定要让她演。"

事实证明娄烨的选择没错。郝蕾撑起了整部电影。郝蕾的表演与北京四月的柳絮、边境图们的寒冷、颐和园的斜阳相和谐。影评人程青松说："《颐和园》之后，看到所有的青春片都会感觉宿舍门一打开就是余虹从里面跑出来。"

一位法国影评人曾无限感慨地说："不知当年特吕弗拍《阿黛尔·雨果的故事》时用的摄影机还在不在？承受了阿佳妮那样注视的摄影机玻璃即使不疯狂，可能也碎裂了。"

在我看来，和周伟泛舟颐和园昆明湖上时，余虹望向镜头的眼神，也足以让娄烨的摄影机破碎。

记录的是别人的故事
看到的
是强烈的共鸣

> 记录这个时代
> 值得被记住的人

有网友评论：像郝蕾这种人吧，笑起来很好看，但下一秒总担心她会流泪。又有人说：永远都喜欢看郝蕾这张破碎的脸，她就一直都是《恋爱的犀牛》歌里唱的那样：享用我吧现在/人生如此飘忽不定/想起我吧将来/在你变老的那一年。

究竟什么是"高级美"呢？这便是。它有残缺、有破碎和毁灭的可能。它让你疑心笑着的下一秒眼泪会下来。它不可能是满满地溢出来，而是俳句里花将从绽放到凋落的一瞬。

◆
◆
◆
◇

敏感与重生

《颐和园》的确让郝蕾失去了爱情，几乎所有关于她的报道都这么说，她承认那是"这辈子最惊心动魄的爱情"，也坦诚失去后的痛苦。"分手后整天都是恍惚的，很抑郁，想过自杀。"她甚至一度怀疑："《颐和园》会影响我的恋爱，除非我找一个老外，但老外也不见得这么开放，他必须知道什么是艺术，什么是真正的演员。"

2009年,是郝蕾人生中灾难般的一年。这一年,在人们期待的盛大婚礼即将举行之际,她结束了自己与演员李光洁的婚姻,并被拍到在街上大哭。她还莫名其妙地收到了取款短信,报警后发现,拿着银行卡取走钱的是跟了她三年的助理。"知道的那一刻,我哭得比她还伤心,因为,如果我知道取走钱的人是她,我绝不会报警。"

那到底是一种什么样的状态?郝蕾说那根本不是"心碎了一地"能够形容的,而是"心碎了一地,被碾成了粉末儿,又来了一阵龙卷风"。所有人都看到了她的肥胖、失态、甚至癫狂——这是大众几乎不可能在其他女演员身上看到的失控。

她说这是"被职业害的,因为,如果作为一个演员,不具备一点敏感度的话,那是老天爷不赏你饭吃"。她因敏感而成为好演员,也为敏感所伤。曾经的报道这样形容她:她看起来坚定凶猛,其实所有的利刃都朝向自己。

社交网络时代,别人忙着用这个虚拟空间塑造各种各样易于销售的人设,但这却成了郝蕾释放自己激烈的通道,她在微博上骂人,有时一骂就是十几条,毫不顾忌,她也会把剧组告上法

记录的是别人的故事
看到的
是强烈的共鸣

庭，即便对方来求和解，也不罢休。她在意"真实"，因为真实跟谎言一起洗澡，谎言披着真实的衣服出去了，真实自己走不出去了。

这种"痛快"慢慢地变成了"麻烦"。"这些年我除了正经新闻就是绯闻，后来发现跟人合作的第一件事就是给对方擦眼睛——他们一说'原来你是个特别好合作的人'，我就不爱说话了，那'原来'之前我是什么样的人呢？但我也不能怨人家。"

她渐渐地明白了，曾经让她失去爱情的并不是《颐和园》，她说："能因一部戏而失去的爱情，它本身也不是爱情。"这部电影也成了她为新恋情设置的一个考验。

2012年，她与娄烨合作的电影《浮城谜事》上映时，《颐和园》也做了一次小范围的公映，郝蕾问做公务员的男友："你要去看吗？"对方答："好啊。"电影开演前，他们并肩坐着，她发了条微信给他，问："你真的不会觉得尴尬或者不舒服吗？"对方看都没看她一眼，回了条微信："我是来看电影的，不是来跟你讨论问题的。"

一年后，郝蕾在微博上公布了双胞胎儿子降生的消息，导演孟京辉留言说："郝蕾就是郝蕾，干什么事儿都轰轰烈烈。"

但对于郝蕾而言，这其实是轰轰烈烈后的重生——"以前强烈地抱怨，觉得对方太不珍惜。后来明白了，譬如我是一个湖，他是一个杯子，一个杯子只能盛下一个杯子的水，但我不行。我太爱你了，我必须把水全部倒给你，这时水自然会溢出来，同时杯子也有压力。"

别人的宽容，自己的平静

这些年，郝蕾还在证明着一件事——影迷和网友并不都是刻薄而功利的，至少，他们中的很多人在面对她的时候，是宽容的。他们几乎不在意郝蕾被长久吐槽的衣品和体重，只在意她是否在认真演戏，即便这件事甚至都没有得到各种奖项的肯定。

直到2010年，郝蕾才凭借电影《第四张画》获得第47届金马奖最佳女配角，这也是她迄今为止获得的唯一一个表演奖项。但在喜欢她的观众那里，郝蕾依旧是无冕之王，他们坚定地相信，

记录的是别人的故事
看到的
是强烈的共鸣

这个时代配不上郝蕾。

在"明明"和"余虹"之后,郝蕾被划进了文艺片阵营,后来又拍了娄烨的《浮城谜事》和贾樟柯的《河上的爱情》。她知道表演不分商业和艺术。"我对商业没有歧视,但没有人来找我啊!"她也知道那时的娄烨和《颐和园》都无法再复制了。她开了自己的工作室,每年不咸不淡地接着几部戏。

但她并不愤怒。"每个人生来有他的任务,我觉得我的任务就是演戏。这是一辈子的事情,如果我很清楚地知道自己要演到80岁,就不会在乎眼前一朝一夕间发生的事情。"

没有好戏拍的日子,她出了唱片,她的嗓子和演技一样令人瞩目。在乐评人耳帝最近写的"中国内地女演员唱功排行榜"上,郝蕾被排在最高等级——"灵气四溢型"。一向毒舌的耳帝称:"这个档次已经是专业歌手也难以替代的,人格与作品高度统一,声音与演技共享着独特的灵气与生命力。"

但当被问及:将来你希望大家怎么评价你?她依然扬起脸傲娇地回答:"一个值得尊重的女艺术家。"

2014年,她有两部作品问世,《黄金时代》和《亲爱的》,她都不是主角,但观众发现她的演技和20多岁时相比,更加圆融且臻于化境。

"小的时候作为演员,非常喜欢那种激烈的戏,大激情,需要释放,需要爆发力,慢慢随着年龄的增长,可能更加喜欢现在这种。"她说自己学会了宝贵的"克制"。

编剧史航说:"郝蕾在《亲爱的》里面就是教科书式的表演。没台词时表演更耀眼。"《黄金时代》的编剧李樯说:"郝蕾是我们通向丁玲的唯一路径。"网友说:"汤唯不像萧红,但郝蕾就是丁玲。"

她没有丧失野心,也没有丧失敏感,同时似乎也找到了一种难能可贵的平静。自己的戏不多,但会密切关注着同行的技艺,看完周冬雨在《七月与安生》中的表演,她激动地上了荒废已久的微博。"恭喜小姑娘,这才是表演的好榜样,这不仅仅是个人的优秀演出,更是在为好的表演正名!"

2017年二月底,新一届的奥斯卡奖颁出,今年64岁的法国女演员伊莎贝尔·于佩尔没能获得影后,郝蕾再一次登录许久未上的微博,发了两张于佩尔的照片,写道:"世界级伟大的演员,

记录的是别人的故事
看到的
是强烈的共鸣

任何奖杯在你面前都黯淡无光。"而在中国影迷眼里,她自己也早已经是中国少数几位能够在未来成为于佩尔的候选人之一。

今天,在网络上许许多多的角落,很多人会在关于她的电影和音乐下写道:郝蕾是一位值得尊敬的表演艺术家。很多人在期待她一直演到60、70甚至80岁。

还有一位网友说:"无论郝蕾变得有多胖,我依旧那么爱她。"

◆
◆
◆
◇

潘粤明：终于又红了，但对过去仍只字不提

文：闫坤沐

网剧《白夜追凶》中，演员潘粤明给出了令众人惊艳的表演，这也令他再一次成了当下最有话题度的男演员，但所有人都看得到他有多努力的同时却没有人知道——他是否真的已经走出了那段往事。

2016年的一天，当手机来电显示着老朋友五百的名字时，潘粤明并不知道这会是一通令自己境遇翻转的电话。

当时，潘粤明刚刚参加完《跨界歌王》，赋闲在家"正愁没

记录的是别人的故事
看到的
是强烈的共鸣

活儿干"。电话里,五百说自己正在做一部网剧,简单地介绍了一下故事大纲后表示想请潘粤明来演——这是一个需要一人分饰两角的角色——双胞胎兄弟,哥哥是警察,弟弟是商人。听到这儿,直觉告诉潘粤明"对路了"。

"以前也和朋友开过玩笑,如果能有一部戏让我一个人演两个角色,那得多过瘾。"

2017年8月30日,这部名为《白夜追凶》的网剧正式上线。不到一个月的时间内,剧集还没更新完毕,点播量已经突破十亿,豆瓣评分稳定在9.0,是2017年得分最高的国产剧。

同时获得盛赞的还有潘粤明的表演。他开始变得很忙,连轴转地接受各种采访,采访之间的休息时间只够去趟洗手间。没有约到专访时间的媒体直接从外地赶来北京希望能抢到空档,但最终得到的答案还是"真的都排满了"。新媒体指数排行榜中,潘粤明同鹿晗、杨幂等人一同位列前十。

在43岁这一年,潘粤明再一次成了当下最有话题度的男演员,而上一次受到如此关注还要追溯到五年前,那场令当事双方都十分不堪的离婚大战。

1

"不能让信任自己的朋友跌面儿。"这是潘粤明进入《白夜追凶》剧组时唯一的想法。

他要演的并不是一对简单的双胞胎——因为一桩灭门谋杀案，商人弟弟被污蔑成了通缉犯。为了帮弟弟洗清冤屈，警长哥哥需要在夜晚出动继续查案，但由于哥哥患有"黑夜恐惧症"，每到晚上只好由弟弟假扮哥哥出门查案，而哥哥则需要假扮弟弟在家。准确地说，潘粤明是一人分饰四角：哥哥、弟弟、扮演哥哥时的弟弟以及扮演弟弟时的哥哥。

开拍后的很长一段时间内，剧组的通告表上都只有潘粤明一个人。每天要拍16到18个小时，来回换兄弟俩的衣服，背两个人的台词，每天睡醒，眼睛还没睁开，第一件事就是伸手摸剧本。他还要记住自己每一条里的眼神看向哪里，情绪节奏如何起伏，好让两个角色的反应互相对上。

记录的是别人的故事
看到的
是强烈的共鸣

拍完了室内的"对手戏"还要去"案发现场"面对各种各样"血刺呼啦"的尸体道具。有一场戏，潘粤明需要闻一个受害者的肝脏，道具师准备的是猪肝，当时广州天气很热，肝脏已经变质。"那个气味它是实实在在的，会有一点硌硬。"

因为戏量巨大，潘粤明实在没有健身和保养的时间，进组前带了一盒面膜，杀青的时候变成了三盒——自己的没打开用，别人又送了新的。整部戏中，潘粤明的脸显得有点浮肿，衬衫下有微凸的肚腩，观众调侃他"胖了""糙了"，不再是大家以前印象中的白面小生了。

这并不是潘粤明第一次变糙。2015年12月31日上映的电影《唐人街探案》中，潘粤明演了一位在破旧车场打工的"变态老爹"，操着一口泰语，蓬头垢面、邋遢不堪。五分钟的戏份中，无数观众完全没有认出眼前这个变态就是潘粤明。

这一次，随着调侃一同到来的还有各种"演技炸裂"的称赞。影评人钱德勒说："我因为潘粤明在追看《白夜追凶》。我喜欢这个故事：白衣少年陷入声名狼藉，成为公众的笑柄，他连这好皮囊也毁掉之后，最终，我们看到他的心。"

2

"怀疑潘粤明还有个亲弟弟叫潘粤暗。"在看过《白夜追凶》中弟弟假扮哥哥夜晚外出查案的戏份后,有观众曾如此调侃。然而,回到现实中,这句玩笑似乎又和潘粤明个人的真实生活形成了某种极富深意的暗合。

在终于又成为"潘粤明"之前,他做了五年"潘粤暗"。

在接受凤凰网的专访时,面对老朋友何东,潘粤明曾谈起过那段变故之后自己的状态。"我在家很长一段时间,你说我在想什么,我不知道我在想什么,我只觉得那个空间很压抑,就这点感受,你想透口气,但是又找不到出口。"

他承认自己"想不明白","没遇到过这么大的事儿,太拧巴了,你怎么能这样呢?就觉得好好的一个家,你怎么能这样呢?不应该,就是觉得不应该。"更令他无法接受的是,散得还如此难堪。

他形容自己的状态"像刚捞上来的鱼在草地上挣扎,"最终

记录的是别人的故事
看到的
是强烈的共鸣

将他拽上岸的是工作。

2013年年初,潘粤明出现在由陆川监制、五百导演的电影《脱轨时代》剧组。当时的他像变了个人,脸又肿又灰暗。"现在在电视上看到当时那个脸,没光泽的那种,让我再演我是演不出来了,就好像网友评价说,很丧。"

《脱轨时代》里,潘粤明饰演的角色在35岁时离了婚,把自己搞得一团糟。"那个角色和我那时候的状态太像了。"刚进组,潘粤明一度把自己在房间里关了好几天,不知道该怎么办,只能给朋友打电话倾诉。旁观的陆川感慨:"潘粤明当时很勇敢地站出来拍戏,真的很不容易。"

随后,他又接连拍了卢庚戌导演的《怒放》和孔二狗导演的《大嘴巴子》。后者是一部喜剧,有人评论说片名有点太俗气,潘粤明却说,自己最喜欢的就是这个片名,因为自己"刚挨了生活的一个大嘴巴子"。

一年拍了三部电影,潘粤明感觉状态在好转,"等于死机了以后强制启动,这主观能动性是一帮朋友帮着一块儿给点燃的。"但这三部片子上映后都没能在市场上引起太大的波澜。紧接着他又拍了古装喜剧《儒林外史》,"拍得特别好玩,可惜发行方遇到问题了,一直没播。"

尽管结果并不尽如人意,但潘粤明感到了一些特别的变化——在驾驭现实题材的角色上,他比以前更能投入和理解了。

他承认,过去的自己太顺了。"我第一个戏《非常假日》就拿奖,第二个戏就金鸡奖提名,第三个戏就是'大学生电影节最受欢迎男演员'。以前觉得好像就这么干就行,怎么都好,反正我自己的决定就是对的。"生活中也是一样"反正钱挣够了,娶媳妇、生孩子,就逃不了人该做的这点事儿呗,没大追求,慢慢就会形成这样不好的习惯。"

但来自生活的暴击,让他慢慢觉得:"你真正经历过的东西,它是走心的,这个走心不是你刻意走心的,它真往里走啊。"为了换来这份走心,他付出了惨痛的代价。他向何东描述了那种状态:"你的脑子要炸了,心要胀破了,没用!你必须得受着,受不了,你自己爱死哪儿死哪儿去,不用打招呼,其实生活就是这样的。当你有这样的体会以后,一些现实题材的片子,你看到的东西可能就会不一样。"

记录的是别人的故事
看到的
是强烈的共鸣

3

由暗转明的过程并不顺利。

2016年4月,董洁带着儿子顶顶参加综艺《妈妈是超人》。节目里,董洁被问到如果顶顶问她爸爸在哪儿她会如何应对,董洁回答:"我们都要接受现实,我也要接受现实,顶顶也要接受现实,谁也没办法改变命运。"

这句话成为当期节目最大的卖点,晚上12点,潘粤明在微博隔空回应:"真要接受现实,敢不敢把真相讲出来……"曾经闹得难看致极的往事在渐渐平息后又被撕开了一道口子。

好在,潘粤明期待的事业上的"触底反弹"悄悄埋下了伏笔。

因为影视剧机会不好,他去演了话剧。正是因为话剧积累的舞台经验,他在接到《跨界歌王》的邀约时才有勇气应下这份工作:"那会儿正是工作选择少的时候,知道李光洁、刘涛他们都去，就想反正又不是我一个人丢人，就一块儿去呗，还能挣钱，多好啊！"

《白夜追凶》的总制片人袁玉梅正是看了潘粤明在《跨界歌王》的表现，才发现了他身上"悲悯又坚毅"的气质。"他那首《快让我在雪地上撒点野》给我留下很深的印象。"于是《白夜追凶》选角时，袁玉梅跟监制五百提议让潘粤明来试试。

潘粤明似乎也越来越能够面对自己的失败。

电视访谈，他会主动和主持人谈论自己的"失败"："我的问题就在于过于单一、过于趋于平淡，或者说太安逸了，这是我很粗心的一面，我在经营家庭方面有很多不足，所以走到今天也许不是一个偶然。"

他明白，那段被彻底消费的过往是他无论如何都绕不过的话题，面对记者们的明示暗示，为了表现自己的好状态，他甚至会主动戳破记者试探的话头，用轻快的语气笑着回答："都翻篇儿啦，那都是陈芝麻烂谷子……"

只是，这些表面上的云淡风轻又会被一些偶尔的脆弱推翻。

《跨界歌王》的某一期，女演员陈松伶上台唱了一首《那个男人》,歌词里写道:"还需要多久、多长、多伤,你才会听见我没说的话?坚强像谎言一样,不过是一种伪装……"镜头拍到正在听歌的潘粤明,他坐在后台,靠在好友李光洁的肩头——哭了。

潘粤明自己在《跨界歌王》的最后一首歌选择了李宗盛的《给自己的歌》,舞台上,他唱着:"旧爱的誓言像极了一个巴掌,每当你记起一句就挨一个耳光……"一曲终了,他说:"感情是最珍贵的。"

4

在《跨界歌王》中流过的眼泪、唱过的歌,成了潘粤明对个人生活的最后一次当众剖白,在那之后,他彻底进入了只字不提的状态。

几乎所有人都看得到他实实在在的努力。

《白夜追凶》完成后期配音时,潘粤明看到了一些零散片段,心里暗自觉得"挺好看的",就尝试着发了一条微博,请圈里的朋友帮忙转发宣传一下。对待朋友的转发,潘粤明会在自己的微博中再次转发朋友转发的微博,并配上一段感谢词。

剧越来越火,朋友们的转发也越来越多,除了比较亲近的朋友、合作者,已经有20年没合作的任泉、工作上没什么交集的周冬雨都转发了,潘粤明也天天兢兢业业地转发所有的转发,刷屏了一百多条,得翻三四页才能翻完。

但没人知道他是否真的已经走出了那段往事。

《白夜追凶》的火爆终于令他在事业上彻底变回了"潘粤明",也令他再一次频繁地站在了公众面前,面对着无数双探寻的眼睛。很多时候,他都得显得紧张、敏感,心里的那堵墙密不透风。

可以坦然地聊起"不好",通常会被认为是"不好"已经过去的标志。但如今的潘粤明会警惕每一个关于生活和过去的问题。

他有点介意自己被说得不再年轻。谈及现在的生活中喜欢做什么,他答"写毛笔字和画国画",但会解释一句:"这并不是

记录的是别人的故事
看到的
是强烈的共鸣

老年人的爱好，年轻人也可以喜欢。"《白夜追凶》的导演是85后，当"每日人物"询问潘粤明和年轻创作团队合作的感受时，他特意强调："我也很年轻。"

"（我知道）大家可能会关心（我的私人生活），但是其实我觉得负能量就是负能量，我们还是聊一些正能量的东西吧！还是聊戏吧！"潘粤明说。

"负能量""不加分""不聊了"，这是他如今对那段往事的全部交待。

即便如此，每个人对他过往的探寻和好奇依旧是不可回避的客观存在，对于这种存在，潘粤明被问及态度时，低头沉默了几秒钟，然后抬起眼皮说："这就是我的态度。"

"虽然潘粤明胖了，但我依然爱他。"——这是《白夜追凶》播出后，网友对潘粤明的表白中被重复次数最多的一句。但这句看上去是玩笑的话，却真的让潘粤明走了心。

一个视频采访的最后一个问题，记者说："从你的角度，向观众介绍和推荐一下《白夜追凶》吧。"面对这个要求，潘粤明一脸严肃地对着摄像机，说："胖的事其实一路都在聊，我觉得我就是很尴尬,所以在这儿呢,也向看《白夜追凶》的观众和制作团队表示歉意,如果真的有下一季的话,我争取形象上能够不让大家失望。"

为了能更好地减肥,他表示要少喝点酒——这是一个有点令人无措的回答,因为旁观者们上一次似乎能看到一个放松的、愉悦的潘粤明,正是在他喝大了之后。

2017年9月19日,半夜喝多了的潘粤明发了条微博:"经纪人说我不能告诉你们我喝大了,然后我想说,我爱你们!"

记录的是别人的故事
看到的
是强烈的共鸣

记录这个时代
值得被记住的人

八年余春娇，终成杨千嬅

◆
◆
◆
◇

文：韩逸

"春娇志明"系列拍了三部，历时八年。这是余春娇的八年，也是杨千嬅的八年。在这八年中，某种程度上，她们都完成了对于生活的重建。

2009年2月19日，化妆品店销售余春娇在公司后巷抽烟时，遇到了广告公司职员张志明。

那时，杨千嬅正在同广告公司公关丁子高交往。他们在朋友办生日party的KTV包房相识,丁子高主动过来打招呼,自我介绍说自己也做过艺人,然后在杨千嬅面前一口气唱了50首歌。

余春娇比张志明大4岁,杨千嬅比丁子高大5岁。

彭浩翔找到杨千嬅让她出演余春娇时,她曾经想过拒绝,因为戏里戏外都要带着"姐弟恋"的标签,压力很大,但彭浩翔很坚定:"春娇只能杨千嬅来演。"

2017年4月28日,"春娇志明"系列的第三部——《春娇救志明》上映,余春娇终于等到总也长不大的张志明决定担起责任,唱着"余春娇搭救张志明,搭救了他整个生命,赐他深情",单膝跪地掏出了戒指。

杨千嬅没有一丝倦怠地对待着每一个问题,尽管它们中的大部分早已重复了无数遍,例如:你和余春娇到底有多少相像之处?你到底是不是余春娇?2017年4月中去南开大学参加校园宣传时,杨千嬅上台的第一句话便是:"大家好,我是余春娇。"

2009年到2017年,余春娇度过了与张志明分分合合的八

记录这个时代 值得被记住的人

年,始终在寻求一份内心的安全感,看似终成正果。杨千嬅也度过了余春娇的八年,并在这八年中,完成了身为杨千嬅的人生重建。

1

遇到张志明时的余春娇,正处在某个寻求改变的关口——人到30,有相处了五年的男朋友、工作不上不下,生活看上去像一部按部就班运转的机器,平淡、乏味,但心里的蠢蠢欲动却一直都在。

杨千嬅的处境要比余春娇糟一些,在遇到丁子高之前,她正在遭遇一番"中女危机",少女不是少女,成熟女人还不够成熟。

事业进入瓶颈期。

唱片销量一度只有8000张,惨淡得让她想要放弃。参演的电影多数都是喜剧,以30出头的年龄继续在银幕中扮演各种傻白甜，杨千嬅自己也有点尴尬。2006年，杨千嬅与陈奕迅合作拍摄了电影《每当变幻时》，她出演一个为了离开原有阶层而错过爱情的女性，这是她的转型之作，影片口碑不错，但票房不佳。

"完全不知道自己要怎么办，演少女不行，演独当一面的女性也不行，在那之后，三年没有人找我拍戏。"杨千嬅说，"笑容都分1到10很多种。"她努力学习，对着媒体对答如流，晚上回家一个人的时候却感到恐惧，"恨不得18个小时都在工作，睡眠也不要。"好像只有这样，才能带来安全感。

个人感情更是一路坎坷。

在丁子高之前，杨千嬅唯一公开承认的一段感情是和郑中基，但两人只相处了几个月便宣布分手。提出分手的是杨千嬅，对外给出的理由是"性格不合"，但备受煎熬的人似乎也是她。

两位曾掏心掏肺给杨千嬅写歌词的"大神"，林夕和黄伟文都见证过杨千嬅人后的痛苦与崩溃。她经常开着车去林夕位于半山的家，进门后倒在沙发上哭，哭完就走，林夕的用人甚至一度认为她和林夕在一起了。

在黄伟文为杨千嬅写的《可惜我是水瓶座》中，其中一句

记录的是别人的故事
看到的
是强烈的共鸣

记录这个时代
值得被记住的人

"拿来长岛冰茶换我半晚安睡"并非空穴来风。《春娇救志明》上映前,黄伟文曾在社交网络上回顾了那个时刻:"那夜她收工后径自走进我在喝酒的夜店,连环点了8个长岛冰茶,她从来没说而我也一直没问,那个令她偶尔哭崩的人是谁,我只静静地陪着她喝,直到扶她上了的士。"

嘴下从不留情的香港媒体逮到机会就会对她展开一阵群嘲。和吴彦祖搭戏出演《新扎师妹》,媒体登出的标题是:剩女倒追吴彦祖。

好在,杨千嬅是杨千嬅。

2000年,她第一次拿到梦寐以求的"叱咤乐坛女歌手金奖",接过奖杯时哭成泪人,说了一句日后成为个人标签的经典感言:"我乜都冇,净系心口得个勇字(我什么都没有,只是心口写着勇字)。"在黄伟文为她作词的歌《勇》中,也有类似的描述:我没有温柔,唯独有这点英勇。

杨千嬅出生在一个重男轻女的潮州家庭,从小就习惯了男性的强势,但是她也不弱,如果有人欺负妈妈,小小的她会拿着木棍去打对方,像一个男孩子。"我要成功,不要给人家看小。"

她要用自己的成功去保护家人，凡事都要求自己"做到为止，不要放弃"。

"他们讲我剩女，讲我有危机感，好吧那没关系，我就是剩女，我就用我的力量做到最好，我要做最一线的剩女，这样他们就没话讲了。"杨千嬅在赤柱买下豪宅，"我要一个家，人家不给我，我自己去建立。"

但即便如此，依然会有不知道下一步要怎么走的时候，林夕劝她"关机"，放空自己，好好去学习。杨千嬅觉得有道理。"我决定给自己放假，然后，在很放松的状态下遇到了我老公。"

2

余春娇的确从张志明那里得到了她想要的新鲜感。他会给她发来一串乱码，但倒转手机一看，是一句：I miss u。他会带她捉弄警察，屎尿屁的段子常常挂在嘴边，还会把干冰倒进马桶制造"人间仙境"的感觉。

记录的是别人的故事
看到的
是强烈的共鸣

丁子高也一样让杨千嬅觉得"不一样"。

KTV相识后,杨千嬅每天都会收到来自丁子高的奇怪短信:今天跟谁吃午饭,等下去哪里打球……事无巨细地汇报每日行程。杨千嬅一度认为是"误发",但丁子高的解释是:想让你知道我生活得很健康。

两人第一次单独约会,没有一句甜言蜜语,丁子高全程都在吐槽杨千嬅,吐槽她不运动、穿衣服品味差、唱歌气不够、飙高音证明自己的力量……杨千嬅"气得半死",一口气辩论了3个小时,心里不服,但回家后仔细想想,对方说的似乎有点道理。

丁子高再约她,偏不选酒店里包间喝咖啡,只把她当成平常的女孩,约她去北角吃鱼蛋粉。"你不戴墨镜也没关系,别怕被人认出来。"然后继续吐槽,"我们还是喜欢你以前的歌,现在的太高了,不好唱。"

一次约会后,杨千嬅开车送丁子高回家,负责指路的丁子高突然指着前面的一条路说:"你不用怕,我在这里,你只要一直往前开,就不会有问题。"从那一刻起,杨千嬅从心里接纳了丁子高。

但问题很快接踵而至，无论是对余春娇还是对杨千嬅。

张志明玩心重，会忘记同余春娇一家聚会的时间，怕承担责任，总是不愿意给出确定的答案，不主动不拒绝，即便脚踩两只船也不愿去做一个决定。

丁子高比杨千嬅小5岁。"年龄是长辈最大的顾虑。"杨千嬅说，"刚刚决定在一起的时候，两人的父母都不太满意。"丁子高的母亲去看中医，刚要发动汽车，被记者啪啪地拍响车门："丁太太，我想跟你做一个访问，你觉得你儿子跟杨千嬅能在一起吗？"长辈以为遭遇了抢劫，吓得不轻。从来对媒体很和气的杨千嬅打电话给那家杂志，忍不住一直骂一直骂，从来没有那么生气过。

更要命的是丁子高在香港媒体中风评极差，同佘诗曼、李彩桦、卢恬儿、傅明宪都传过绯闻，是出了名的花花公子，"夜蒲一族。"两人的相处一直伴随着媒体的嘲讽和指摘，"姐弟恋"不断被唱衰。

难堪重压的丁子高决定去上海避避风头，暂时与杨千嬅分

记录的是别人的故事
看到的
是强烈的共鸣

开。三周后,杨千嬅接到丁子高的电话。"他说我想继续试,经历一下同你一起,在这件事上我要争取。哗,在电话筒那一端的我,哭到啊,眼泪滴滴滴,从心里涌出来。那刻心里的感觉,真的不懂得形容。"

两人去韩国旅行,丁子高嘱咐杨千嬅"一定要穿长裙和高跟鞋",因为要参加化装舞会。杨千嬅一身华服准时赶到,结果却被领到了烧烤店。怕裙子染上味道的"烈女"当场发作,直到丁子高把她拖到了四楼。

转角的一间意大利餐厅被包下来,门前的牌子写着Miriam Birthday Party(Miriam是杨千嬅的英文名),朋友们和丁子高的妈妈都在,大家开始拍照切蛋糕。杨千嬅一动不动,像看到UFO一样傻在那里。丁子高跪下,掏出钻戒盒,因为紧张得满手是汗,差点没捏住戒指。

拍摄完《志明与春娇》,杨千嬅和丁子高去美国度假,临时起意跑去拉斯维加斯结婚。那天是2009年8月11日。"我终于签了一张自己的合约,不需要别人同意,不需要考虑理别人,自己真心地签上了自己的名字,那种感觉真的很不一样。"杨千嬅说。

领到证书后，两个人跑去赌场，想试试运气。"一玩，同花顺。"在跟媒体回忆起那次手气，杨千嬅笑得直不起腰，赢了一把之后，他们拿着800美金的奖励赶紧走掉，生怕下一局会输走好运气。

2010年12月20日，杨千嬅和丁子高在香港补办了婚礼。刻薄的媒体再次嘲讽两人的身份之差，还称是杨千嬅将丁子高娶进了门。婚后不久接受采访，杨千嬅反呛道："原来你们说他是穷职员，后来又查到他是富二代，现在你们服气了吧！"

至于为什么如此信任此前情债累累的丁子高，杨千嬅说："为什么我这样信任他，因为应该要认的他全部认了。"她说自己从没想过要结婚，直到遇见丁子高，"没遇到他，我真可能一辈子单身。"

余春娇终于受够了张志明的不确定，开始尝试接受一份靠谱的新感情，但还是在收到张志明发来的搞笑MV时防线尽失，举手投降，好在这一次追到车站的张志明看上去前所未有的郑重，他终于愿意去做一个决定，追回春娇——"我大过你啊。"余春娇说。"可我高过你啊。"张志明答。

记录的是别人的故事
看到的
是强烈的共鸣

3

余春娇的生活重心似乎都是围绕着与张志明的分分合合,事业上起色不大,唯一一次转机出现在公司开始大面积裁员时。她以为自己会被辞退,走进主管的办公室后交给对方一份自己做的外卖清单,里面图文并茂地列好了下午茶的各种搭配选择,以及主管和同事们的口味偏好。她不仅没有被辞退反而还获得了升职的机会,被派去北京培训新员工。

余春娇成功渡过"职业险境"的原因是领导觉得她人缘好,不争不抢还细心。某种程度上,这也是杨千嬅可以取得今日成就的原因之一。

第一次报名参加歌唱比赛时,杨千嬅还是玛嘉烈医院的护士,以玩票的心态参加,但一路晋级最后拿了季军,也就此入行当了艺人。做新人时的杨千嬅就展示了自己的高情商。"当时人家说我是世界女,问为什么这个女仔这么懂和人沟通,这么会说话,这么会观察人。"杨千嬅将此归结为自己的四年护士经验。

那份工作令她比同龄人见过更多世面。"十八九岁去泌尿科实习,一个月之内见了我一辈子都见不到那么多的男性生殖器。"曾经在接受采访时,杨千嬅对"见过世面"做过生动的解释,第一天去上班就被派去给一位刚过世的老人入殓。"哇,我当时呆住,好怕,怕到震,只得硬着头皮上。你知道去世的人浑身都松了,所有的孔都在往外流东西,该补好的补好,该绑好的绑好,齐齐整整,才能送去殓房。"

后来渐渐习惯,上班时可以协助医生做开颅手术,可以给病人插尿管,还经常看到瘾君子搞得医院洗手间满墙是血,下了班则立刻出戏,和同事该唱歌唱歌,该吃饭吃饭。"人家说我一个小姑娘,为何那么镇定。老大,我天天见的就是生老病死,在医院的四年相当于别人的十年。"

杨千嬅用了五年时间在香港演艺圈彻底站住脚,还收获了一班贵人——金牌经理人黄柏高,歌词界的大神林夕、黄伟文……他们都拿她当宝,林夕更是公开表态"杨千嬅是他心头的一块肉",他为杨千嬅填的词甚至令王菲都嫉妒。"我很疼爱她,疼爱她的程度到，投票的时候，我会很紧张，叱咤现场数票，报的时候我心跳得很快，很希望是她拿奖。她买了富豪海湾，我即刻看着楼价，希望马上就升。"林夕说。黄伟文则一直以"闺密"的身份陪伴着杨千嬅，除了源源不断地送出无数经典，如《野孩子》《勇》《可惜我是水瓶座》，杨千嬅演戏，他甚至可以去无偿客串。

感情受挫、事业沉入谷底时，林夕专门写了一首《杨千嬅》来为其打气——

如果想照耀万人　请加点信心

如果想抱住情人　请吸取教训

如果想快乐做人　请敲敲你心

如果可磊落做人　你会更吸引

彭浩翔是杨千嬅拍完《每当变幻时》三年后第一个来找她的电影导演，演了两次余春娇的杨千嬅也借此拿到了两个香港电影金像奖最佳女主角的提名。2013年4月，杨千嬅终于拿到作为演员的最高褒奖，成为金像奖影后。

余春娇再次投入与张志明的情感之中，工作也再次成了配角,但杨千嬅此时不仅是影后,还是一位一岁小男生的妈妈,过往的阴霾已经一扫而光,曾经貌似步入险境的人生也几乎完成了重建。

"惨了这次,我好怕。"颁奖典礼上,杨千嬅抚住额头,以防眼泪随时飙出来,镜头这时扫到了台下强忍着哽咽的丁子高,杨千嬅看着台下,看着导演,也看着丈夫,"好多谢。"她说。

4

"春娇志明"系列进入到第三部,彭浩翔为其取名《春娇救志明》。

在余春娇的搭救下,张志明尽管依然爱玩,但也开始越来越靠谱,越来越确定,越来越想要珍视这份感情。只是,余春娇却陷入了一场杨千嬅曾经经历的"中女危机",同自己较劲、同志明较劲、同生活较劲。

杨千嬅承认自己是余春娇,只不过,她比春娇走得更快一些。"余春娇是我的曾经。"在余春娇深受"不安全感"的种种折磨时，杨千嬅早已渡过了这个阶段，进入了一个寻求平衡的阶段——她继续拼，继续勇，但也渐渐地学会用更智慧、柔和的方式解决问题。

当年出道时，公司给杨千嬅的定位是"小郑秀文"，走别人的路是圈中大忌，这也使得两人的关系始终微妙且尴尬。坊间传闻，郑秀文曾对杨千嬅唯恐避之不及，两人的粉丝也曾多次交恶。

前些年在接受采访时，杨千嬅曾公开回应过两人的关系："没有太多接触，但见面会打招呼。"2013年香港电影金像奖颁奖典礼，郑秀文也被提名影后，当颁奖嘉宾张学友公布获奖的是杨千嬅时，镜头也第一时间切向微笑着礼貌鼓掌的郑秀文。

2015年1月，杨千嬅"Let's Begin世界巡回演唱会"在红馆开唱，唱至第四场时，郑秀文唱着《终身美丽》出现，杨千嬅为此哽咽，对郑秀文说："能请到你来，我再没有遗憾。"

生活中，一只蟑螂让她学会了示弱。

婚后不久有天半夜收工回家，杨千嬅想去厨房找点吃的，看到地板上有一只很大的蟑螂,她瞬间石化,几乎大叫出来,但又怕吵醒睡着的婆婆。她打电话给在外工作的丁子高求救。半小时后,丁子高开完会,发现杨千嬅的电话仍没挂断,他立刻打电话找工人上门打蟑螂。

"第一次发现自己是个女人,可以说不行。所有累的、苦的,都让丁子高负责就行了。"

2015年,两人一起参加了户外极限运动真人秀节目《极速前进》。比赛开始前,节目组去家里拍摄,丁子高负责整理行李,杨千嬅在厨房煮意大利面,被问及最怕什么时,杨千嬅指着丁子高说:"我最怕他。"丁子高说:"她身体不好,还喜欢喝冰的东西,所以,我会让所有凉的、冰的饮料统统从我家消失。"杨千嬅扭头看着丁子高,带着笑意埋怨:"好了,你不要让我的'烈女'形象破灭。"

"不腻歪。"《极速前进》的跟拍导演西西如此形容杨千嬅夫妇的相处模式,"有什么说什么,很快解决问题。"

"感情是一辈子的习题。"杨千嬅说,"你只能够选择忍受它,或者是接受,但是不能去赢它,在这方面不能好胜,这个好胜,还是伤害自己。"

母亲的身份则让杨千嬅学会了很多正常女人会做的事。为了喂母乳，她在半年时间里，走到哪里，奶泵就背到哪里。一天七餐的备奶，被她当成"拿到最佳歌手奖"一样的目标。从前在红馆开一场演唱会，可以收到不计其数的花篮，可杨千嬅连兰花都不认识。现在帮儿子买衣服，她知道了要买大一码，因为小朋友长得快。

"他叫一声妈咪我会感动，他给我塞玩具我会感动，他呼吸我都会感动。"一边说着，杨千嬅一边真的抹了下眼角，嫌自己太夸张。

余春娇终于等到了张志明的承诺，戴上了对方递过来的戒指。导演彭浩翔认为，是"春娇救了志明"，因为是春娇让志明学会了珍惜和担当，学会了如何去爱。但在整部电影的拍摄过程中，杨千嬅一直有一种挥之不去的自我代入，她问彭浩翔："为什么这一部不叫《志明救春娇》？"因为在她看来，志明帮助春娇找到了安全感，一如曾经丁子高给予她的"拯救"。

当然，经历了八年婚姻的她也能够接受彭浩翔的解释："在一个家庭中,其实就是一种拉扯。不是你救我,就是我救你。"正如好友黄伟文再次为她量身作词的新歌《余春娇》中所唱:"神造了春娇,总有张志明。谁若未碰到,亦要相信。"

无数的采访都会以这样一个问题终结——还会有第四部"春娇志明"吗?杨千嬅说这要去问彭浩翔,但于她而言,是期待的。"再过五年、十年,我真的50多岁了,两个白发的老人牵着手去走公园,那真的是岁月⋯⋯"她顿了一下,歪着头想,"特别的地方。"

记录的是别人的故事
看到的
是强烈的共鸣

记录这个时代
值得被记住的人

余文乐：
我喜欢细水长流，可结婚这件事，天天都想

文：朱柳笛

有些事情，余文乐一点也不急，他喜欢细水长流，但对于婚姻，他却是另一种状态，天天想结婚。

多面演员

余文乐坐在屋子中央等待拍摄。他穿着暗纹西装外套，里边是白色衬衫和灰色马甲，搭配往后梳起的大背头和故意蓄起的杂

乱小胡子，一副复古的打扮。

这是一部商业短片的拍摄现场，和他搭戏的是冯小刚。

冯小刚称赞他普通话说得不错："在香港演员里，和他交流起来没有障碍。"他接过话茬："导演的《老炮儿》上映时我自己买了票去电影院看。"平舌翘舌都没落下，北京话里的"儿"他的发音也过渡平滑，没什么违和感。

十多年前去台湾拍偶像剧《爱情白皮书》，粉丝对他的评价还是"普通话超级别扭"。和众多香港演员一样，语言成了余文乐走出来拍戏的"魔咒"。

余文乐花了很多年练习普通话。以至于他会注意一些生活里别人注意不到的细节，比如普通话怎么骂人，比如看电影，第一遍的专注不在剧情，而是在声音上。

他第一次看《老炮儿》时，有一些没听懂，却记住了表达，后来只要听到身边人说类似的话就询问是什么意思。回头再看一遍，已经能听懂九成了。

余文乐一直算不上有强势气质的演员，但和练习普通话一样，胜在愿意不断吸收。在电影《无间道2》之后的宣传里，几

记录这个时代 值得被记住的人

乎每一个跟他演过对手戏的演员、导演和编剧,都在说他多努力。和演员胡军拍对手戏的空余时间里他会抓着对方问"你觉得我在哪方面应该多努力?在演戏的过程中我应该更注意一些什么?"

冯小刚对余文乐的评价则是"多面",不是个被角色框死的演员。比如他那天的打扮,在冯小刚看来,是可以直接拉去片场扮演资本家的。民国时期的主儿,意气风发。"当然,他也可以去演一个落魄、忧郁的人。"冯小刚说。

豪言与焦虑

每个导演都希望演员是多变、可塑的。但如果把演员余文乐和现实余文乐摘开来看,你会发现他讨厌变化。

比如对食物长情。长了一个"香港胃"的余文乐在ins和微博上po过他在香港街头巷尾吃过的大排档和冰室,吃了好多年。

又比如"6"这个数字,一用好多年,原本是中学打篮球时分到的一个号码,再没变过。

现在还能看到他在许多场合比出"6"的手势,在粤语里,"乐"和"6"发音相似,他因此又被新涌现的粉丝们称作"六叔"。

余文乐已经从"鲜肉"过渡到"六叔",但除了年龄这样不可逆转的变化,他还是会极力阻止其他事物也发生变化。"因为我已经面对了很多的变化。"他皱眉,抚着茶几上的烟盒说,"你知道演员这个职业……"

就跟他创立的品牌MADNESS(英文原意:疯狂、狂怒)的寓意一样,演员也是疯狂的:"我觉得每个演员都很情绪化,演员就是一直在摆弄自己情绪的职业,所以好演员都是疯子。"

余文乐是好演员吗?

追溯他和香港电影的联结,是从林岭东的惊悚片《目露凶光》开始的。18岁的余文乐觉得银幕上的刘青云十分可怕:"这个导演怎么能把刘青云变成那个样子?"

第一次合作的人是郑少秋,第三部片子是《无间道》,余文乐星途平顺。但大多数人的第一印象,也就停留在电影圈内一露

记录这个时代
值得被记住的人

面就技惊四座的清秀少年——《无间道》里的陈永仁上。他同梁朝伟一齐扮演在人性里挣扎的卧底警察，拿捏得适度。

如果一切顺利向前，没有什么坎坷，人人都觉得他是影帝接班人的猜想也许真能实现。

但十年过去，直到接了彭浩翔的《志明与春娇》后，余文乐才因为典型港男志明的角色，重新成为有热度的演员。

中间，他有过"30岁前誓拿影帝"的豪言，也一度怀疑自己过气去跟不同的导演倾吐焦虑。

余文乐曾描述当时导演们的反应："刘伟强比较像骂儿子。麦兆辉像骂学生。黄秋生像教小朋友的那样解释给我听，他说，要专心，不要那么冲动，很多东西要思考。"

他现在更喜欢别把自己逼得太狠的那种状态，放多一点时间集中在某一个作品上："很多方法都可以达到终点，看你自己选择什么路。"

天天想结婚

2016年，余文乐选的路是真人秀节目。

"宇宙CP"的热潮从春天一直火到夏天，关于年龄和身材的那段经典对白，余文乐微博上被赞了90多万次。

他现身恰好是最后一期《我们相爱吧》播出的日子，什么东西促使他决定要参加真人秀？他回答："我参与这个节目只有一个原因，就是我发现，我过往十五年都是在演别人的角色，没有做过自己。"

"那，剧本呢？"

"完全没有，我们说的每一句话都是当下的第一反应，也是当下的一个情感。我反而觉得很不习惯，所以过程并不是那么简单。"

第一期节目里他放出的宣言也是真的："想结婚，想有家庭，想有小朋友。"

记录的是别人的故事
看到的
是强烈的共鸣

记录这个时代
值得被记住的人

其实五年前他就嚷着要在30岁前结婚，现在，在越来越多的场合他更毫无忌惮提起这个话题。除了羡慕很早和自己好友结婚的妹妹，余文乐内心其实住着一个"old man"——老派绅士，憧憬大家庭的稳固氛围。

真人秀里，他跟周冬雨一起坐缆车，说起小时候的梦想，就是在香港房价最贵的半山买一间大房子，让全家人搬进去。

住在植物遍地、空气新鲜，还能饱览维多利亚港的半山，在他家族还没中落的时候，不算不能实现的梦想。那时父亲在内地开皮革厂，有3000多名员工，他是"少爷仔"。但1997年遇上金融风暴，生意失败，家庭经济发生巨变，最差的时候，他见过父母因金钱瓜葛吵架。

因为父母回内地开厂，小时候他和姨妈住在一块儿。与父母分别的这段青春期是他最自卑的时刻。去当兼职模特时，要出市区试镜，由元朗到港岛来回车费要30元，因为没把握一定能拿到工作机会又不愿负担这笔钱，干脆就不去了。有时候花30元买张VCD躲在家看戏；为了能玩耍又不花钱，他又爱上打篮球。

等到20多岁，他有了名气，开始买5万元的劳力士、70万的奥迪旅行车、几十万的衣服，但都是虚荣，弥补小时候的梦想。直到23岁真的在半山给家人买了房子，才真正体会到对男人来说，靠自己会拥有一种成就感。

家庭曾经带给他的分离反而让他更迫切地想要走入稳定的婚姻："天天想。天天想的时候老天爷不会答应你，都是这样。"

就跟电影《大内密探零零发》里的情节一样，刘嘉玲找不到周星驰送她的那颗夜明珠，对方安慰说："世事都是这样，你越是急着找一样东西呢，它就偏偏不让你找到；你聪明的话就根本别找，它就会自己慢慢地出现了。"

"我喜欢细水长流"

还没找到夜明珠，但余文乐在《志明与春娇》里演活了现代人的一种恋爱：一个普通的香港青年，有点贱贱的气质，但不招人讨厌，懒懒地跟春娇说道："有些事不用一个晚上都做完，我们又不赶时间。"

记录的是别人的故事
看到的
是强烈的共鸣

记录这个时代值得被记住的人

更为重要的是,余文乐干脆在电影里创造了一种穿衣风格:衬衣、毛线开衫和黑框眼镜,像从香港街头信手拈来的装扮,被后来的粉丝称为"志明风"。

现实中,余文乐的潮流形象深入人心。六年前他就创立个人品牌COMMON SENSE(CMSS),2017年10月,他的另一个品牌MADNESS开到了北京三里屯,有了第一家实体店。

有人说他也是明星玩跨界,要做商业,他说:"其实我并不是太会做生意的人,我只是一直追求我喜欢的东西。"

他喜欢的东西太多,除了篮球、车、时尚,还喜欢画、旅行、设计和建筑,对很多东西感兴趣,保持着好奇之心,但又因为要好奇的实在太多,没法一一精通。这种气质让人忍不住跟他的微博签名对照起来:一个嗜好太多能力太小的普通人。

开店对他来说是挺重大的一件事情:"因为我真没想过我这辈子会有一家属于自己的店,我本来就没想过做生意,一路做任何事情都是以自己的兴趣来出发的。"

MADNESS成立了两年,刚开始只有包括他在内的三个人,到现在差不多将近30个员工。从第一件到第一百件,都是他亲自来设计。

至于未来计划,他并不迫切:"已经很快了,不需要太快,我怕很快出现,很快就没了。不是今天这个东西很受欢迎我就重复做,吸取更大的利益。我喜欢细水长流,希望把时间放在这个品牌上,做好自己的东西。"

这跟他对演员这个职业的定义一样:不要两年、三年,像烟火一样爆完,就没了。

记录的是别人的故事
看到的
是强烈的共鸣

记录这个时代
值得被记住的人

歌手李志：
浪漫的反抗者，
认真的搅屎棍

◆◆◆◇ 文：杨璐

　　39岁的李志又开始折腾了。2017年2月19日晚，他宣布要用12年，在全国334个地级市做334场演出。烧碟、维权、跨年……李志在独立音乐史上的标志性事件很多，他称自己是搅屎棍。这一次，他仍然是认真的。

逼哥下乡文艺汇演

李志一只手背在身后,整个人的重心全落在一条腿上,挺着他"偶像派歌手"的肚腩,摆出一副故作轻松的样子。下台后,他发现自己流了很多汗。

2017年2月19日,这是歌手李志第一次以演讲者的身份上台,举行他人生中第一场直播发布会。上场前一天,他给罗永浩打电话请教。罗永浩的第一反应是:"你疯了吗?好好的歌不唱,跑到我们相声圈来搅和。"

他说自己为了这场发布会很焦虑。过完年,李志39岁了,人到中年,他想再干一把大的:用12年,在334个地级市做334场演出,普及现场音乐。这被他称为"叁叁肆计划"。

12年前,李志做了一张唱片小样,开始了他的独立音乐之路。再过12年,他就50岁了。五十知天命。如果顺利,12年后完成的那天,团队将为他庆祝50岁生日。

记录的是别人的故事
看到的
是强烈的共鸣

这个计划在他的脑海里盘旋了很久。

2016年4月,他在重庆巡演,回酒店的路上突然觉得泄气:"这么演其实挺没劲的,每年就那么几个城市,那么几个场地。"一旁的现场音乐制作公司S.A.G合伙人姜北生说:"我给你出个主意,把巡演的地点做得均匀一点。"

当天晚上他就开始想,越想越兴奋,干脆写了个小计划书,打算在全国地级市做演出。

面对李志层出不穷的想法,经纪人迟斌的回应要么是"好",要么是"滚"。这一次,他的反应是:"牛逼啊!"荡气回肠了几秒钟后,他就心虚了,不确定性实在是太多了。

歌手张玮玮听说这个计划时,脑海里也闪过"牛逼"二字。"拉着那么多人,像大篷车一样把中国所有的省份串起来,这才是做音乐的人啊!"

张玮玮惊讶于连他的家乡白银这样的小城市也在巡演名单里。李志还向他打听,白银哪里有适合演出的场地。张玮玮想了又想,能演出的地方只有电影院,舞台还得自己搭。

除了白银,"叁叁肆计划"的海报上挤满了几乎从未在大众视野中出现的地名，包括那曲县、巴彦浩特等。

网友感叹，手动打出这些地名时动容了，有些甚至还需要百度怎么读，这些地方可能从来都没有乐队演出过，从来没出现过这样的演出形式。

他们把"叁叁肆巡演"称之为"逼哥下乡文艺汇演"。"逼哥"是粉丝对他的爱称。

一直以来，巡演都是李志收入中很重要的一部分。他把在334个地级市做巡演看作是"合理地割韭菜"。除此之外，他希望尽自己的能力做点对行业有帮助的事情——普及现场音乐，给被遗忘的城市带去民谣和摇滚的火种。

演出经理袁野为了考察场地，一个月内打了一万多个电话，认识了一万多个人。最后敲定的场地里，有酒吧、LiveHouse，也有礼堂、酒店宴会厅、羽毛球场。

很难想象三四线城市会有多少人知道李志，又有多少人愿意花钱买票看演出。万晓利认为，他的计划原始浪漫，有冒险精神。

张玮玮则说："李志是以飞蛾扑火的姿态，跟人民在一起。"

记录的是别人的故事
看到的
是强烈的共鸣

记录这个时代
值得被记住的人

永远的反抗者

听到"叁叁肆计划"时，低苦艾乐队主唱刘堃一点都不意外。李志特立独行，反抗一切不规范的东西。刘堃刚认识李志时，正是他落魄的时候。"长发、特别胖、特别脏，感觉挺糙一人，蹲在门口边抽烟边看我们演出。"

李志从一开始就选择反抗。他先是反抗教育。2004年夏天，他从大学主动退学，开始做音乐。那时候既没钱又没人脉，他和朋友两个人在家里下了盗版软件，借了声卡和琴就开始录。这就是第一张唱片《被禁忌的游戏》。

然后他又开始录第二张、第三张，三张唱片做完，欠了五六万。为了还账，他去成都一家电脑公司上了两年班。在有钱同学的饭局上，陌生人问他做哪行，他吱吱呜呜低头吃肉。

那两年里，李志写了很多歌，又借了30万制作第四张专辑《我爱南京》。他认为这是他真正意义上的第一张唱片，但这张定价120元、由三张CD组成的唱片还是以赔钱告终。

　　这时候他开始了第二次反抗："当时不理解，我这么用心做的东西，怎么就没有人买啊？"他干脆把没卖完的几大箱唱片拖到郊外一把火烧了，决心不再做实体唱片。

　　这个过程被他录了下来，背景音乐配以齐秦的《把梦烧光》。其中一句歌词是："输得荒凉，死得牵强。"

　　这成了李志烧唱片的往事。

　　他还集结了小河、万晓利、周云蓬等独立音乐人，抗议一家音乐网站未经授权提供自己音乐的收费下载，要求网站立即下架他们的作品并道歉，放出"除非它所有的唱片都实现正版，否则绝不合作"的狠话。

　　他也有执拗的坚持。一次偶然的机会下，李志的赞助人建议他举办一个跨年演唱会。因为没有经验，他请来了一堆朋友帮忙，周云蓬、万晓利、苏阳、小河、马条、张玮玮、郭龙都到场了，从八点直唱到凌晨三四点。但到演出开始，票都没有卖完，赔了20万。

　　跨年的习惯与亏损一起延续了下来。为了让观众觉得值回票

记录的是别人的故事
看到的
是强烈的共鸣

价，李志重新编曲排练，用最好的灯光舞美音响，请一流的嘉宾……即便一放票就秒光，没有一张赠票，七年来的每一场跨年仍然在亏损。

哪怕是赔钱，跨年演出也得办。迟斌说："这是'Branding'，做出品质，就是给这个行业的人看，李志现在的制作和水准是这样的，他的团队和演出状态是这样的。"

在2016-2017跨年演唱会上，李志请到了专业编制的交响乐团——靳海音管弦乐团做伴奏，嘉宾是摇滚教父崔健。观众们以为这已经是高潮了，李志却在《广场》的配乐里朗诵起北岛的诗歌《回答》。他声嘶力竭地嘶吼着，情到深处时一把掀开毛衣，露出了胸口中国地图的文身。

"他就像一个你生活中特别不耐烦的男朋友，或者一个脾气特别暴躁的厨师，你不知道他下一盘端上来的会是什么。"老狼说。

演出是一场战争,没有退路

李志对音乐的认真是出了名的。

他曾与刘堃聊起过他费劲折腾自己的初衷:因为别人做得不好,他在别人的演出里不开心,不希望行业退步,想给朋友们带来更好的体验,于是只能先把自己做到最好。

他像个愤青一样朝音乐行业开炮。音乐圈混迹了很多"三拍"人士,事前拍大腿,就这么办了没问题;办事时拍胸脯,兄弟放心吧这事包在我身上;结果拍脑门,哎呀我×……

一次与老狼同台演出,李志不满意舞台技术人员,就写博客吐槽:"我们没有专注于事情本身……演出是一场战争,我没有退路。"

总有人说李志"装×",他不服。他查了《新华字典》里"音乐"一词的含义:人类在长期劳动的过程中表达感情的工具。"它是表达感情的。如果表达的感情是假的,那就不是音乐了。"

记录的是别人的故事
看到的
是强烈的共鸣

在他看来,音乐没有贵贱,只有真假。他把音乐看成一份需要认真对待的工作。

为了保证乐队的状态和水平,他将乐手全职签在自己的团队中,一年排练日超过200天。排练房的墙上写着六个大字——排练就是工作。

为此,他专门买了一台打卡机,制定了奖惩制,迟到三分钟以内扣排练费的一半,超过三分钟全扣。

认真还体现在:他坚持着音乐圈里罕有的版权意识,他请了律师,专门处理版权问题。

不想别人侵犯他,他也不想侵犯别人。翻唱张玮玮的《米店》前,他寄去了授权合同:"授权费是多少?我给你准备个协议。"张玮玮只好象征性地填了十块钱。他在《定西》里写"我也不会给你刘堃的电话号码"前,也给刘堃打了电话征求意见。

在刘堃看来,李志以愤青的姿态,一直与恶俗的行业风气做斗争,有反抗有关怀,为行业树立了一个标杆。

一次,周云蓬提出送给李志一些赠票,让他带好朋友去看他的演出。李志当场拒绝说自己买票,就算当嘉宾也买票入场。周云蓬心想,难怪人家票房好。自那以后,他也开始自己买票看演出。

坏时代的好孩子

李志在歌里唱自己"我只是一个偶像派歌手(《鸵鸟》)",但他却认为自己是一个"小众歌手"。他的定义里,大众歌手是观众要什么给什么,小众歌手是我有什么放什么,而不是你想要什么给什么。

与李志相识了8年后,迟斌觉得李志挺"狠"。"很少会看到有人的世界观那么强烈,他是一个理性和感性两方面都特别极端的人,理性的时候特别理性,理性得很冷血,感性的时候又特别感性,像个艺术家。"

熟悉他的人都知道,他的坚持和反抗,更像是要为独立音乐争取尊严。

李志一直不敢告诉父母自己的职业。在父母眼里,他是朝九晚五的白领。有一年,他的父亲在南京住了一年,他只好每天早上拎着电脑包出门假装上班,无处可去,只好到处喝酒。直到2015年,李志在工人体育馆举行演唱会,把父母请到现场,才算坦白了自己的职业。

他希望做独立音乐能赚到钱,让更多的人把它看作一份正常而体面的职业。

一天,他去南京琴行找朋友,看到两个小孩在练琴。两人练了一会儿,一个人对另一个说:"你觉得这样能给李志弹琴吗?"

这一幕让他感慨万分,这正是他希望的——朋友见面问你是做什么工作的,你很平静地说我是做老师的、做医生的,我也很平静地说我是做摇滚乐的。而不是大家心中认为"玩音乐的"。

去年夏天,在银川演出完后,李志带着迟斌重回了一趟西夏王陵,那是他开始音乐之路的地方。

12年前,李志被西夏王陵震撼得瞠目结舌。西夏开国皇帝李元昊的陵墓,不过是一个孤零零的小土丘。他想到:那个时候我死了,我留下什么呢?我什么都没留下。他决定回去把以前的歌录下来。

现在,他又为下一个12年砸下了钉子。

就像他在《红色气球》中唱的一样:

这么多年过去了

你看我的眼中充满着泪水

是谁在唱歌

是谁在唱歌

是谁还在唱歌

记录的是别人的故事
看到的
是强烈的共鸣

记录这个时代
值得被记住的人

马丽,你本人比电影里好看多了

文：闫坤沐

自从成了"女谐星"，曾经"美过"的马丽就必须长期面对不美，甚至不可以美的事实。一番斗争后，她终于不再较劲。"没事儿，来吧！反正我也不靠脸吃饭。"

"把自己变成一个男人。"这是电影《羞羞的铁拳》对于女演员马丽的要求。

对于这个要求，马丽并不陌生——话剧《乌龙山伯爵》中她演过变性人马丽莲，电影《夏洛特烦恼》里，她演过女汉子马冬梅。只不过这次，她要和老朋友艾伦饰演的男拳手交换灵魂，变成一位"纯爷们儿"。

为了完成这个任务，在电影开拍前的四个月准备期中马丽没有穿过一次裙子，无论站在哪儿都会把一条腿踩在凳子上不停地抖，能葛优瘫绝不好好坐着，吃饭狼吞虎咽，走路永远架着胳膊像要去约架。

有一次，跟男朋友去商场里玩抓娃娃机，一个都没抓到，"入戏太深"的马丽居然挥起拳头就要去砸玻璃，男友连忙劝住，但也忍不住吐槽——"咱俩不像情侣像海尔兄弟。"

电影开拍后，镜头里的马丽不是几乎素颜就是花着妆、晕着眼线、瞪着两只熊猫眼，在形象上"彻底没有任何顾忌"。当然，这些"自毁"也让她有所收获。跟着剧组路演去了30多个城市，每到一处，电影放映时，观众都会看着银幕中的马丽笑到不能自已，电影结束后，看到眼前的真人，几乎所有人也都会感慨一句："你本人比电影里好看多了！"

记录的是别人的故事
看到的
是强烈的共鸣

1

"美过",对于自己的外形,马丽给出了这样的定义。

她出生在辽宁丹东的一个县城,8岁以前一直被当作小公主养大。家的楼下就有一个理发店,她从小烫着洋气的小卷发,穿着精致的公主裙,美得像个洋娃娃,在幼儿园,老师整天都抱着她舍不得放下。

画风从上小学以后开始突变。因为体育特长,马丽先后练过短跑、长跑、标枪和篮球,每天风吹日晒,迅速"长裂巴了"。当年,"马家军"还曾经到她们学校选人,马丽觉得职业练体育太苦,吓得装病请假才躲过去。

上初中之后,马丽去考了辽宁文化艺术学校专学表演。从丹东到沈阳,马丽发现周遭满眼都是美女,自知外形不出众,她便暗自断了出镜的念想,决心当个话剧演员,"反正隔着那么远,我画个大浓妆灯光一打一样美美的,观众也看不见我长啥样。"

考大学那年,北京电影学院比中戏招生早,马丽知道自己不是上镜头的精致小脸,但抱着练手的心态还是去考了。为了让自己显得漂亮点,她对着镜子精心打扮了一番。三试考场上,主考官是当年赵薇、陈坤、黄晓明的班主任崔新琴。马丽穿着西装外套、内搭高领衫,脚踩高跟皮鞋,用发胶把头发梳到全部贴在头皮上,"收拾得像个女企业老板",因用力过猛而落榜。好在她专业过关,最后还是被中戏收了。

在中戏的四年,马丽专业成绩拔尖,一直是班长、课代表。但排毕业大戏时,她却没演上女一号。一个老师说她长相有缺陷,上嘴唇和人中高高突起看着像猴子,建议她如果以后还想当演员,最好去把上牙敲掉四颗,再箍一箍。

马丽不服气,没照着老师的话做,就这么毕业了,但这个建议也让她变得自卑。那段时间,周围所有同学都在跑剧组递照片和简历,只有马丽一次都没去过,因为"没那个自信"。

她一头扎进戏剧导演林兆华在北京大学办的戏剧研修班,每天在排练厅对着镜子练习在地上打滚、撞击身体,或者像麻花一

记录的是别人的故事
看到的
是强烈的共鸣

样缠在一起,全情投入,几乎和外界隔离,似乎只有这样她才能享受到自如和自信的感觉。

刚开始演话剧时,马丽演的全是《建筑大师》《樱桃园》这样的正剧,和濮存昕演过夫妻,和蒋雯丽做过搭档。有人看过她演的话剧之后找她去拍戏,马丽也决定去试试,但第一天进组就备受打击——化妆时,她听到有人在背后小声议论:"这谁啊,长得这么丑还能演,是不是有关系呀?"在那之后的很长一段时间,她拒绝了所有影视剧的邀约。

2

多年前,因为自己不够美而决定"当话剧演员"时,马丽并不知道这个决定会让自己的人生出现转机。

2005年,马丽在话剧《满城全是金字塔》里演了一个戏份并不多的小角色。每场戏,她都演得非常严肃认真,但每每她出场台下的观众都会笑翻。有一天,开心麻花的编剧、导演彭大魔、马驰和第一代男主角何炅去看戏,看到马丽的表演,彭大魔觉得"这女的挺彪",而马驰则说自己眼前一亮,"她不是女一号,但整部戏的精彩都被她抢走了。"

随后,两人邀请马丽去开心麻花客串,最初只是在《疯狂的石头》中演一个模仿杨二车娜姆的小角色,后来一步步升级,直到成为开心麻花的"千场女王"。

"我就觉得舞台太适合我了,我在上面会发光,我好自信。"马丽说。

当初被马丽打动的不只是彭大魔和马驰,还有何炅。

2010年,何炅邀请马丽在湖南卫视元宵喜乐会上演了小品《超幸福鞋垫》。"大家好,我是来自台湾的Mary。"这是马丽亮相时嗲声嗲气的自我介绍,在被何炅反问了几遍"谁"之后现了原形:"我是来自东北的马丽。"这个转折令不少观众印象极深,马丽也因此为更多人所知。

从2013年开始,马丽和沈腾搭档连续三年出现在春晚上,小品《扶不扶》还拿到当年最受欢迎的语言类节目第一名,有观众评论道:"宋丹丹之后,终于又有女演员能在春晚真的逗乐大家了。"

从话剧舞台到电视屏幕，马丽个人版图"扩张"的最后一步，是大银幕。

开心麻花筹拍电影版《夏洛特烦恼》时，在话剧里演了近百次马冬梅的马丽却并不是女主角的第一人选，出于票房的考虑，剧组找来了漂亮上镜的电影女演员。

试戏的时候，导演闫非、彭大魔给新来的"漂亮版马冬梅"指导表演，但不管怎么试，脑子里依旧全是马丽的样子，他们这才发现，这个角色已经和马丽融为一体了，只好决定再找她回来。

电影上映前，没有人对沈腾和马丽的组合抱有希望，但《夏洛特烦恼》最终却以年度黑马的姿态拿到14.6亿票房。"我没有耍表情或者诋毁自己去博取大家的欢笑，一个都没有，包括马东梅。我也不知道我的喜感从哪儿来的。"马丽说。

她也思考过原因，最后得出的答案是："可能是老天爷赏了这口饭吃。"

3

演完《夏洛特烦恼》之后，伴随着高票房和"女谐星"身份的坐实，马丽出镜的机会越来越多，她意识到身为一名女演员，把自己收拾得利落好看是本分。

于是，从不敷面膜的马丽开始做皮肤护理，积极瘦身，还染了一头时尚的金色短发，但很快，终于瘦下来了的她却不得不面对一个令人无奈的事实——比变美更难的是，如何改变观众心中对于"女谐星"形象的刻板印象。

最初被邀请出席颁奖典礼时，马丽没有造型团队，只好请工作人员去向品牌借衣服，但品牌却回复她形象太土了，不愿意借。"这件事伤到我了。"马丽说。

为了证明自己，她请专业的造型师打造形象，拍了美美的照片发上微博，网友却说"一定是P的"，还问她能不能发点真实的照片。有人夸她好好收拾一下还挺像刘嘉玲，话音刚落就有网友回复:"这是刘嘉玲被黑得最惨的一次。"

比被贴上"不美"标签更尴尬的是,作为"女谐星",马丽不可以变得太美。

在同行中间,演喜剧不能太漂亮也是一个共识。台湾"喜剧咖"谢依霖就曾经在采访中说过,"女谐星是条不归路,当你选择这条路的时候,你就要放弃成为林志玲。"同为"女谐星"的贾玲也曾表达过类似的困扰,为了保持自己胖乎乎没有攻击性的特点,她并不能彻底减肥。

因此,有一段时间,只要马丽稍微变得好看一点,无论身边的朋友还是网友就会不停地提醒她:"千万不能太漂亮,太漂亮你就不好笑了。"马丽对此始终难以释怀,在综艺节目《饭局的诱惑》中,她忍不住对着镜头发问:"为什么全智贤就可以美美地搞笑?"

作为"女谐星",不仅不能太漂亮,还必须把"女"字隐去,不能展露脆弱。

马丽曾经参加过一档公益真人秀,为了帮助一个藏族老奶奶,她需要徒步奔跑到海拔5000多米的山上完成节目组设置的任务。马丽的心脏原本就有点问题，再加上跑得太拼命，一下晕倒了。

可是，当节目组把一脸惨白的马丽吸氧的剧照发上网后，收到的留言却是："哈哈哈，马丽竟然这样了，她太好笑了。"马丽看得一头雾水："我连命都差点没了，到底哪儿好笑了？"

马丽开始介意被称为"谐星"，反感无论走到哪儿都被人要求笑一个，"像傻子一样。"接受媒体采访时，她甚至会公开喊话："早晚会有一个懂我的导演发现我，找我演一些正剧、悲剧什么的。"

只是，愿意邀请她出演正剧、悲剧的导演还没出现，她自己却因为不愿接受"女谐星"的定位而拧巴、较劲，一度跌入谷底。

那是2016年6月，马丽形容自己"整个人都崩溃了"，身体、心情一团糟。

35岁生日那天，她结束了连续一个多月在香港的工作，准备飞回北京。但由于遇到管制，她在机舱里坐了整整五个小时，飞机依然没有要起飞的迹象。持续报警的身体开始有了更剧烈的反应，马丽感到呼吸困难，像有人掐住她的喉咙，飞机上没有氧

记录的是别人的故事
看到的
是强烈的共鸣

气,工作人员以马上就起飞为由拒绝她下机,她又听不懂粤语,孤立无援,情急之下,助理拨打了999,救护车来把马丽抬下飞机时,她已经几乎失去意识。

马丽被送去了医院,昏睡多时后醒来的那一刻她突然想通了。"什么顾虑都没有了。"马丽说。就是觉得谐不谐星的无所谓了,一直演喜剧也挺好,毕竟"演的时候自己也挺高兴",最重要的是,要"珍惜你现在拥有的一切"。

4

马丽开始尝试改变,不是改变外形,而是改变心态,学会不和自己较劲,不和"女谐星"较劲,不和观众较劲。

她去参加一个旅行真人秀,节目里嘉宾们被要求体验高空项目,身体不好且有恐高症的马丽被吓哭。播出之后,不少留言批评她"一个演喜剧的,真人怎么那么矫情",她一度想解释,但最后还是忍住了。

"我要学会不在意每一个人的看法。"马丽说,"机器在这儿摆着,如果我现在累了,我就躺下睡。把自己演成另外一个样子我做不到。有些项目我明明害怕,干吗要把自己假装成为一个战士呢?"

电影《羞羞的铁拳》里有一场戏是艾伦和马丽意外坠入露天泳池,又被雷劈中,交换了灵魂。拍的时候马丽正好赶上生理期,还要吊着威亚泡在凉水里,这场戏一共拍了两天,在此之前,她已经连续拍了将近两个月,"那种精疲力尽不是语言能形容的。"

这要是放在以前,马丽一声都不会吭。她可以从开着的车上往下跳,学都不学就骑马,"豁出去了能把剧组的人都吓死。"但这次,拍完整场戏,大家鼓掌,她回洗手间换掉湿衣服,出来后在酒店走廊里号啕大哭。

路过的导演宋阳看到这一幕赶紧向她道歉:"对不起,我都快忘了你是女演员了。"

"就是释放一下,现在知道了,还是要认怂。"马丽说。

但是,心态上的"认怂"并不会妨碍她继续尝试变美。现

记录的是别人的故事
看到的
是强烈的共鸣

在，无论收工多晚多累，回家后的马丽都会坚持认真卸妆，再敷个面膜。只是，这种尝试不再是为了证明，而是为了让自己高兴，"每天看着镜子里的自己皮肤亮亮的，就觉得还能再坚持。"

几个月前，马丽度过了自己的35岁生日。那天，她算了算自己的年龄，感叹道："妈呀，离40又近了，我怎么没有这种感觉呢，我觉得我刚30左右。"朋友说："这不挺好吗，你心里觉得自己是多大就是多大。"

"我反而觉得我越活越小了，心态上放开了。"马丽告诉"每日人物"，"美也好，丑也好，只演喜剧形象固化也好，又能怎么样？马丽就是马丽，反正别人也来不了。"

那是晚上十点，马丽在结束了一堆采访后，还要录一档视频访谈节目。她的发型已经有些松散，妆也晕开了。工作人员跑来问她要不要重新整理一下，只见马丽自己用手把额前的碎发一拨，扬起脸说："没事儿，来吧！反正我也不靠脸吃饭。"

流量女王杨幂：请叫我「人民艺术女演员」

文：安小庆

在中国娱乐圈，很少见到像杨幂这样严格执行着"自我物化"策略的女明星。在常年高强度和大密度的"红与黑"中，她成功驯服了自我情绪，将自己炼成了一台精密的高速运转的机器，一件光亮的没有毛孔的产品，一个始终在刷新纪录的巨型流量管道。

记录的是别人的故事
看到的
是强烈的共鸣

关于杨幂,每个人都会问一遍

上映12天,累计票房2.5亿,豆瓣评分7.6。对年轻导演路阳的电影《绣春刀2》来说,怎么看都算得上是又一张漂亮的成绩单。但在各种关注和好评背后,路阳可能是目前疲软暑期档中内心最为复杂的导演之一了。

这种五味杂陈又一次来自于电影的女主角。上一次是刘诗诗,这一次是杨幂。在电影上映后的几乎每一个采访里,路阳都要遭受来自同行、朋友、观众、媒体的诘问。他很无奈,"关于杨幂的问题,每个人都会问一遍。"

焦点依旧是女主杨幂的演技。豆瓣网友的高票评论写道:杨幂还是一副你赶紧拍我赶着回家吃饭的态度;感觉她和大家都不在同一个时空,别人都身处明代,就她还是她自己;杨幂出场以后,觉得这个电影的气色突然变了,有点《三生三世十里桃花》的味道。

在吐槽杨幂如同木桶短板般存在的演技时，越来越多的观众发现，正是女主的演技导致本来制作精良的电影在情感逻辑和叙事合理上发生不小的凹陷和断裂。观众最大的不解来自于，杨幂在电影中扮演的北斋，值得所有人为她付出生命吗？

作家绿妖认为："为北斋值（得死），为杨幂不值。我相信北斋值得无数人去拯救。在说句话就掉脑袋的世道，讥讽时事需要莫大勇气，这种女子何等阳刚，何等亮烈。呈现在面部、眼神和表情都应该更沉静坚忍。"

但杨幂过去那一套程式化和自动反射式的表演在电影里依旧没有变化：眼神里缺少内容和层次，肢体上永远驼背含胸抻脖颈，面部回应则是不变的是瘪嘴、低头，再加杨幂本人浓重的鼻音和细扁的嗓音。

本应代表光、觉醒、反骨和爱的北斋，让许多人感慨"太可惜，这么好的角色就这样被浪费了"。而更多人想起了记忆中的金镶玉、玉娇龙、聂隐娘、凌雁秋、宫二先生……他们开始幻想假如是早几年的周迅或者章子怡来饰演北斋，那又将是怎样的气象，而中国武侠电影序列中或又将增加一个经典角色。

记录的是别人的故事
看到的
是强烈的共鸣

另一边,导演路阳夹在外界对影片一面倒的好评和对女主一面倒的差评中,忙着做出各种或委婉或识大体的解释。

他坦承:"首先,我肯定会考虑她的市场影响力,这是必须的,因为要对投资负责。"在面对朋友关于"还有没有比杨幂更适合这个角色的演员"时,他反问道:"在30岁以下的小花(旦)里面,有没有哪一位女演员出来以后是完全不会受到质疑的?"

这确实是一个非常触及灵魂并且让小花们集体尴尬的质问。朋友想了想说,确实没有。于是路阳得出结论,最合适的人就是杨幂,想不到比她更合适的人。

"其实我觉得她完成得还不错。"

红与黑

杨幂完成得真不错吗?

我们无法从路阳那里听到更多的评价。但或许可以从另一个角度进入。那就是演员阵容中，脸最生但却带来最多惊喜的信王扮演者刘端端。

　　可以说，整个电影里，北斋和信王的扮演者是最难找的。前者的难在于当下好的年轻女演员的匮乏，而后者的难在于"角色层次很丰富，角度非常多"。

　　毕业于中戏的话剧演员刘端端从没演过电影，为了演好信王，他看了许多正史和野史。想到信王"年纪轻轻就背负许多沉重的精神负担"，这样的人想必会"吃不下饭、睡不着觉，那么状态一定不是一个阳光健康的样子"。为此，特地减肥以达到消瘦甚至有点黑眼圈的样子，力图最瘦后，登基之前又狂吃了几天，让自己稍微圆润了一些。

　　但眼下，忙到没有时间为"北斋"这个角色做任何前期准备的杨幂，显然不会像刘端端这样的新人一样，去细心揣摩和活在一个角色里。她只要先做好"明星杨幂"就好。

　　导演路阳力挺杨幂的背后，也正是基于宣发方需要流量这样一个现实考量。他几乎是见缝插针地与忙碌的杨幂聊剧本。2016年3月，《绣春刀2》首次发布会结束后，路阳让自己的司机

记录的是别人的故事
看到的
是强烈的共鸣

开着空车在后面跟着,他坐到杨幂的车里跟她讨论剧本,等到了机场,他再坐自己的车回去。

对路阳这样已经拥有一定知名度和代表作的导演来说,这种上赶着、掐着缝儿跟演员讲戏的行径,都不能不说是罕见。

以此作为交换的,是作为当下娱乐圈流量女王之一的杨幂自身所携带的各种惊人数据:7400万微博粉丝,2016年国产电视剧收视率第一(《亲爱的翻译官》),破300亿人次的国内网络播放量最高电视剧(《三生三世十里桃花》)。

在数据之外,杨幂还拥有和郑爽比肩的动辄上热搜的能力。五六年前,她也常常被讨论,但那时的网友热衷谈论她各种来源不明的"黑料",而现在,所有跟她相关的一切都有上热搜的无限可能。

从被众人嫌弃的小艺人,到被众人关注的流量女王,这个出生于1986年的女星,只用了不到十年的时间,就让自己从黑到红,翻了身。作为"四小花旦"之一的杨幂,如果一定要在"四大花旦"里找到一位对照者,那无疑是范冰冰。

在中国,大概没有其他女明星能与杨幂和范冰冰的经纪团队相比，深谙粉丝、大众、媒体的心理，更懂得撩拨。也没有其他人能够拥有和她俩一样强大的生理和心理承受力，具备对"黑与红"的强大转化力。

她们一个雄霸红毯造型，一个垄断机场街拍，一样的用力过猛、毫不懈怠，也一样的生活在没有毛孔的精修图里。

两人都喜欢放狠话。范冰冰说过，"我承受得了多少诋毁，就经得起多大的赞美。"杨幂则说，"有本事就杀了我，杀不死，就等着看我变得更强大吧。"

后来，她们果然都变得越来越强大，强大到游刃有余地周旋在名利场的游戏规则中。如今两人都已求仁得仁。撇去所有纷争表面的浮沫，她们所面临的最大争议，实际上都只剩下了演技不佳。

即使公众的普遍评价依旧不高，但在杨幂和团队看来，这两年的杨幂已经成功转型为"演技派"。在2012年以来多个访谈节目中，她一直声称："我是一直非常在意演技好坏的。想做一个好演员的心态一直没有变。希望大家可以看到我是一个好演员，一个有实力的演员。"

记录的是别人的故事
看到的
是强烈的共鸣

记录这个时代
值得被记住的人

2012年以来，杨幂开始向大银幕转型。五年时间，她大概演了16部电视剧、24部电影。这在国内女演员里，恐怕无人能及。特别是这两年，她对"演技"这个曾经不在意的东西产生了强烈的"企图心"——饰演盲人以及一人分饰多个角色的《我是证人》《逆时营救》《三生三世十里桃花》，都被她视作是自己演技进步的最大表现。

但在观众和同行那里，还存在另一套看上去很冷酷但可能更公正的评分体系。在《绣春刀2》的豆瓣7.6分之前，杨幂参演的所有电影里，口碑最好的是豆瓣评分6.5的《消失的子弹》。其余20多部电影，评分多徘徊在3到5分之间。

轧戏狂魔

在成为公认的"演技黑洞"之前，以童星出道的演员杨幂，其实是以清新和灵动的风格出现在她之前的代表作里的。

2000年，还在念高中的16岁杨幂签约李少红的影视公司，两年后，接拍大陆版《神雕侠侣》，饰演郭襄。

在许多由粉转路人的老粉那里，2011年的《宫》是杨幂演艺生涯的分水岭。在那之前，她是清新灵气的郭襄和王昭君，虽然颌骨分明，但还会肆意大笑和自然地做表情，最重要的是，那时的她，眼里还有光。但到了《宫》，她的脸和表演风格都发生了明显变化。

不过足够幸运的是，如同当年的赵薇一样，杨幂也因为一个角色变得天下皆知。

在这之前，她是默默无名的年轻小演员，有过化好妆在山上裹着棉衣等戏等到发抖、结果等了一天被告知不用拍的经历。还有一次，剧组的头款都已经打到他爸爸的账户上，后又被通知角色被投资人的女朋友顶替了。

杨幂说过，等待和没戏拍的日子实在太恐怖了。于是2011年爆红后，她从一个极端蹦到了另一个极端：4个月里拍了5部戏，一年时间里接拍了11部电影。犹如一个饿惯了的人突然跳进了米仓里，疯狂地轧戏、拍戏。

她发现红了之后，"机会变得好容易。所以，经纪人来问有部戏拍吗？我说拍，又有一部撞期，拍吗？拍，都拍，后来终于这种现象出现之后，会觉得太好了太好了，终于不会被换掉了。"

"至于片子质量的问题，完全没想过，因为之前没工作的日子太恐怖了，所以只要在工作就可以了，我不管我在做什么或者做出来的东西大家会怎么看我"。

于是，她白天在这个组拍戏，晚上又搭最晚的飞机去另外一个城市，之后再去第3个剧组。"不敢跟剧组说同时还拍着别的戏呢，就找各种方法请假。"

矛盾总有激化的时候。拍摄《新红楼梦》时，来回轧戏的杨幂十分疲惫，台词和表演都达不到李少红的要求，十几次重拍后李少红终于发怒："我给你一个小时，你先去睡一觉！一个小时后你再回来拍。"

正是酷爱轧戏和不挑食的风格让她在观众和导演那里的口碑双重崩坏。一个更明显的例子来自陈凯歌的电影《搜索》。

据陈红回忆，原来王珞丹的角色属于杨幂，"感觉特别好，杨幂也很适合杨佳琪这个角色。"但最终杨幂没有出演。陈红说:"陈凯歌只会因为一个原因放弃和一个演员合作,就是同时轧四五部戏,你心怎么能定下来呢?"

但这样要求的导演还是少数。于是杨幂继续疯狂地在数个城市数个剧组之间穿梭。她发现名利场的游戏规则非常简单明了:只要"红",就能带来话语权和选择权。

她的粉丝也相得益彰地创造了一系列维护明星杨幂口碑的方法:微博控评已经不新鲜,为提升票房而发明的"填补空位"法也成为通行准则,近年为了在豆瓣评分上力挽狂澜,杨幂的粉丝开始了一项艰巨的名为"豆瓣养号"的行动,以期在下一部杨幂电影上映时能够提高自己打分的权重。

这些现实世界的生存法则,或许是那段疯狂轧戏的生涯里,杨幂除了金钱之外唯一习得的收获。而这种看上去以效率、拍戏数量和曝光量最大化为导向的工具理性式价值观,从那时候起就已经成为年轻杨幂价值观中最坚固的一部分,又经由她传达给巨量的粉丝。

记录的是别人的故事
看到的
是强烈的共鸣

记录这个时代值得被记住的人

驯服情绪的人

这种坚固的工具理性,让杨幂在刚刚爆红、红黑交加以及后来成功由黑至更红的3个重要阶段,都保持着高产和高曝光量的做事风格。

在将自己运转成为效率最大化的演戏机器的同时,杨幂可能丢失了再也找不回来的一些东西,比如老粉们念念不忘的灵气。但作为"意志的胜利",演员杨幂又逐渐养成了一种方便调取和简单可依赖的表演方法。

这些正是杨幂多年来在演技这一点上,持续被批评的根本原因所在。

正如李少红指出的:"杨幂最大的问题,是她很小就在摄制组,对演戏是太习以为常了,她自己都下意识地程序化表演,快乐就是哈哈哈,痛苦就是哇哇哇,她不过脑子,以至于她最后想过脑子的时候,她不知道怎么过。"

而在面对外界，尤其是媒体和公众时，作为明星的杨幂也形成了一种独具自我风格的应对方式，这种方式带有效率最大化和简单可依赖的特点，那就是"封闭内心，戒掉情绪"。

在中国娱乐圈，很少见到像杨幂这样严格执行着"自我物化"策略的女明星。在常年高强度和大密度的"红与黑"中，她成功驯服了自我情绪，将自己炼成了一台精密的高速运转的机器，一件光亮的没有毛孔的产品，一个始终在刷新纪录的巨型流量管道。与此同时，尽力做到不让丝毫情绪或者灵魂从以上物化的自我中泄露出来，让外界有任何解读和联想的可能。

她将自己炼成了一个不泄露一丝内心讯息的高压锅，你可以无限褒扬或者"黑"这只没有任何缝隙的高压锅，这都完全不是问题。杨幂早就说过"宁可你误解，也不要你了解"，"现在不是玻璃心，是钻石心"，现在"越来越钻石了，左耳进右耳出，但是不走心了，已经完全不走心了"。

因此，不论红、黑，还是红黑交加，她早就明白，只要外界对"明星杨幂"还保持关注，只要作为"产品"的"杨幂形象"还在高效地生产、传播、消费和流通中，那么戒掉情绪，就是

记录的是别人的故事
看到的
是强烈的共鸣

效率最大的选择。至于内心的细节和真我的故事,那都是很麻烦的,也是不包含在"杨幂套餐"内的东西。

而一向敬业和号称拼命三娘的杨幂会把"套餐"内包含的少女形象、大长腿、机场街拍、自黑自嘲、一人分饰多角等核心要件做到极致。

于是在她近五年来的所有采访里,你会发现,她似乎总是在很认真和谨慎地回答问题。但她以熟练的技巧避开所有访问者想要抵达的细节和内心褶皱,以一种自己擅长的方式模糊掉交流的重心,最后拿出一长段放之四海而皆准的叙述,让你听完之后依旧一无所获。

2015年对杨幂进行过"深度采访"的资深媒体人易立竞曾评价:"杨幂不是一个好解读的人,她说自己是北京大妞的性格,过分直爽,说话没遮拦。事实上,在接受媒体采访时,她言语谨慎,拒绝打开内心。"

她说自己"不是一个擅长回答故事的人,我讲不出来,因为我没有这方面的记忆力"。在采访中,她最爱说的也是"我不记得了""我真的是属金鱼的,我记忆真的特别短"。

但在众人关注的焦点——演技问题上,她却一直以一种委婉曲折的方法否定外界对她的评价。比如,她并不认为"所谓的演技好坏有一个专业的衡量标准",转而强调"每个人都有自己的看法"。

同时,她也并不认为是频繁接戏和程式化演法让她备受批评,反倒认为是"对手戏演员的状态,剧组的氛围"以及自己"过分依赖导演,也太替别人着想,觉得导演会把控全局",导致"有些细节回头再看确实可以做得更好"。

为了让这一系列关于她演技的回答更加圆满,她乐观地表示,"现在如果少红导演有机会可以来看我的戏的话,会发现我已经进步很多了"。

流量女王要做表演艺术家

最近,在演技方面乐观情绪满溢的杨幂,甚至宣称"要做一个人民艺术女演员"和"表演艺术家",而且她也认为自己"就是一个努力的、有品位的好演员"。

记录的是别人的故事
看到的
是强烈的共鸣

如果没有记错,在杨幂之前,中国女演员中宣称自己想要成为"表演艺术家"的,似乎只有两位——郝蕾和周迅。

客观来讲,距离"人民艺术女演员"的宏大目标,杨幂其实已经完成了一半:她做到了"人民"和"女",但距离"艺术"和"演员",还有着相当漫长的距离。

实际上,在这场有关杨幂的转型大计里,她在以"人民流量女王"的身份追逐"人民艺术女演员"的漫漫长路上,始终有一个无法忽视的悖论存在——一个真正的好演员,需要时时打开自己的内心和五官,去感受复杂幽微的内在情绪和外在世界,这正如同一只反应良好的容器或者乐器一样,需要保持自己的"空"和"敏感"。

但已将自我物化的杨幂,则需要严格精确地控制甚至戒掉自己的情绪,拒绝细节和故事的输出,只提供让她自己感到有安全感的段子和信息。"明星杨幂"一直在执行着这样的策略,再加上长久以来轧戏和程式化表演带来的"工伤",让她从本质上已经与一个好演员的自我修养背道而驰。

因为,表演首先是关于"人"的技术和艺术,以驯服情绪、控制情绪来追求效率最大化的"偶像机器",又如何能够在演戏时灵活调动、催化和丰富自己的情绪和感受力呢?

无独有偶,像杨幂一样演技常年原地踏步的刘诗诗和刘亦菲,某种程度上也属于拒绝沟通和自我封闭的类型。

她们很少有表达和讲述自我的动力,也没有叙述一个故事的能力。这种封闭和干涸或许是性格和阅历所致,但终究也将反噬到她们对人情、人性和世态的理解,最终投射到她们各自饰演的角色上面。

这种"封闭"和"效率",或许能让她们成为一时的明星,但这种自我的机构化和工具理性化,无疑将成为横在她们与"好演员"和"艺术"之间的最大障碍。

杨幂曾经不止一次说过,"特别羡慕周迅,特别希望能拥有她那种超强的感受力,去诠释好每一个角色。"但周迅的感受力和天赋并非通过将自己异化成一部没有情绪的机器而来。相反,她从来没有关闭过自己的情绪开关,而是始终感受扑面而来的一切美意和恶意,并始终保有孩子的眼睛和内心(梁朝伟语),让自己成为最敏感的灵魂通灵者和角色扮演家。

记录的是别人的故事
看到的
是强烈的共鸣

更重要的是，在被黑与自嘲中一路突围成为胜利者的杨幂，可能已经在这种非黑即白、非敌即友的单调世界观中，形成了"正面评价即是拥戴我，负面或者对作品有不同看法就是黑我"的二元对立式逻辑。

当下，尽管这种"非粉即是黑"的二元对立观念早已成为整个娱乐圈、名利场乃至粉圈的基本准则，但必须要说，这种思维方式不仅会简化和降低人看待世界、理解人性的像素和分辨率，也会让正常的文艺评论陷入永远的站队怪圈。

对于杨幂的未来，导演路阳说过一段话："她很忙，一直拍戏，形成了自己的一种很有效的工作方式。但我想看到她经验、技巧以外的东西，她自己体验的东西。特别希望她能放下技巧，更多地去吸收周围的人和事物。"

对于最深处的匮乏和最直接的体验，杨幂自己并非毫不在意，她曾说过："希望能够碰到更多能给我讲故事的人，帮助我一起发掘我自己更多的东西。"

但在这之前，别忘了，唯有自己，才是那个能够一直给自己讲述故事的人。

颜丙燕：最好的女演员，最不合时宜的演员

文：杨璐

被观众誉为"演技能拿奥斯卡"的颜丙燕在2016年一年没拍戏，这背后是她个人的主动选择、行业的滑坡，以及一位好演员在这个时代的无奈。

真正让颜丙燕想不通的是一种"安静"。

2017年3月6日，一篇名为《表演，一个正在被毁掉的行当》的文章在社交网络上刷屏，这是某编剧去横店"卧底"后带回的访谈实录，再一次将中国影视行业滥用替身、年轻演员不背台词

记录的是别人的故事
看到的
是强烈的共鸣

等资本冲击下"小鲜肉中心制"的乱象,用"亲历者口述"的形式逐一曝光。

看这篇文章时,颜丙燕感觉"一口老血"冲上来,顶在嗓子眼儿,读了一半就看不下去了。她在朋友圈转发了文章并写了一段感想。她的微信好友大多都是"圈里人",她原以为大家会和她一样激动,但是,一切都静悄悄的。

"大多都是来点个赞,偶尔有评论,评论还是一串省略号。"她跑去跟圈里的朋友说,对方上来第一句话就是:"丙燕,没办法啊……"颜丙燕有点明白了,大家可能都一只脚掉进河里了。

她有点气不过,又在微博转发了一遍,并附上了同一段话:"俺们这种拍对手近景不带关系都占位置搭戏搭词儿的演员快要被淘汰了吧……孩子们小,不懂事儿,可是,他们身边就没有懂事儿的大人吗?"她知道自己没忍住,又说多了,但就是无法说服自己接受。"我从不骂人,也不会骂人,但当时的感觉是,就算我会骂人,我是一泼妇,我也不知道该去骂谁。"

"我不想干了。"颜丙燕说,当时,她真的想过改行吧。

事实上，像她"这种拍对手近景不带关系都占位置搭戏搭词儿的演员"可能真的要被淘汰了。整个2016年，颜丙燕全年停工，没有接拍任何一部戏，这其中，有她个人的"不合时宜"，也有一位好演员在这个时代的无奈。

1

"颜丙燕能拿奥斯卡。"电影《万箭穿心》的豆瓣页面上，有网友如此写道。导演王竞看到这条评价后说："如果这部片子真去参加奥斯卡，颜丙燕的表演是绝对不掉分的，她是中国最好的女演员之一，肯定的。"

这是一部根据作家方方的同名小说改编的电影。颜丙燕饰演的武汉女人李宝莉，泼辣、凶悍。丈夫出轨，她跑去捉奸，没勇气推门进去，崩溃之下拨通了110，举报有人卖淫嫖娼，胆小懦弱的丈夫因此下岗，并最终自杀。李宝莉没有倒下，而是去汉正街做了"女扁担"，撑起了整个家。

记录这个时代
值得被记住的人

王竞最初把剧本递给颜丙燕时,她看都没看就拒绝了。当时,她正在一部电视剧里演一个"男的"——一个没有性别意识的女兵,留着寸头,成天扛着一杆死沉死沉的真枪满山跑。加上之前连轴转地拍戏,身体扛不住了,天天发烧。但王竞不死心,又是托颜丙燕的好友李乃文带话,又是请这部电影的艺术总监、著名导演谢飞递剧本。碍于情面,颜丙燕决定看看剧本,她一边咳嗽一边看,看着看着感觉浑身的毛孔都张开了,一阵狂咳之后,说:"行,我拍。"

颜丙燕和王竞第一次见面是在天津的一个小饭馆。俩人一边聊戏,化妆师一边在颜丙燕的头上比画,因为从一个留着寸头的"男的"过渡到一个主妇,她需要一个头套。戏聊完了,该聊片酬了,王竞示意让其他人回避一下,颜丙燕摆摆手,说:"不用出去,我喜欢的角色不用聊了,你给多少就是多少。"

进组开拍前,剧组做的头套到了,颜丙燕发现质量不行,戴在头上有瑕疵,考虑到整部电影的制作成本只有三百多万,她没跟导演说,自己花了几万块又去订做了一个。"没见过这样的演员。"王竞说。

但是，令王竞有点没想到的是，对钱这么不较真的女演员，对戏怎么那么较真。

"偷情那一段，我们拍了3天，偷了3天情。"片中李宝莉丈夫的扮演者焦刚说。电影讲述的是上世纪90年代的故事，但偷情小旅馆所在的巷子口正对着一条马路，来来往往的都是现在的车，颜丙燕觉得不行，提出拦车，整个剧组拦了好几天才拍到一条比较满意的。

整部影片的最后一场戏，是颜丙燕和王竞僵持最久的一场，为了一句台词。那场戏要拍李宝莉离开家，因为丈夫的死，儿子考上大学后要和她断绝关系并将她从家里赶走，李宝莉从生气到接受，决定离开。离开前，婆婆问她有没有什么话留给儿子，原剧本中，李宝莉要说一句话，大致意思是丈夫跳河时一个字也没给我留，我也不留。但颜丙燕觉得，什么也不用说。

"王竞导演是个特别儒雅的人。"颜丙燕说。在现场，他俩也不吵，就是在屋里小声交流，你说你的道理，我说我的道理，一说就是好几个小时。外面的工作人员有点纳闷，知道俩人在争执，但怎么一点儿动静都没有。于是，隔一会儿就有个人溜达

记录的是别人的故事
看到的
是强烈的共鸣

进屋里假装弄点什么,看一眼,隔一会儿又有个人溜达过来看一眼。最终,导演决定,按两个人的想法各拍一条。

结束拍摄几个月后的一天晚上11点多,颜丙燕接到王竞的电话:"丙燕啊,跟你说个事儿,片子剪完了,咱们俩当初在现场争执最严重的那场戏,用的是你的方案。"

2

2012年11月16日,《万箭穿心》正式上映。首映会上,电影和颜丙燕的表演收获一致好评。来看电影的倪萍哭得稀里哗啦,比颜丙燕还激动:"你比我们这一代都棒,是中国最好的女演员,没有之一,如果明年金鸡奖我还是评委,我投你一票!"

10个月后,金鸡奖颁奖,倪萍是评委,但颜丙燕不是影后。颜丙燕没什么反应,觉得正常。这一整年,她凭借《万箭穿心》拿了8个影后,只要被提名,几乎弹无虚发。但助理江小杉的脸绿了:"这一年拿奖拿得我都high了,只要去参加电影奖,肯定是我们。金鸡奖为什么不是啊？"颜丙燕反问："怎么都是你们家的啊？为什么呀？"

"那你图什么啊？"江小杉问。

"拍电影的过程中，我已经high过了啊，后面再有的东西，那叫惊喜。"颜丙燕答。

这种"别人的遗憾"，在金鸡奖颁奖的一个多月前，颜丙燕还经历过一次。那是一个电影颁奖礼，在后台走廊里，颜丙燕突然听到有人叫她。

"《万箭穿心》为什么不报名金马奖？"叫她的是台湾著名电影人焦雄屏，曾担任金马奖主席，她喜欢《万箭穿心》里颜丙燕的表演，还专门发过微博称赞。但她并没有在当年金马奖的报名单中看到《万箭穿心》。

"焦老师，那个……这事儿……不归我管啊。"这是颜丙燕第一次见到焦雄屏，她被问得有点儿蒙。

"那你问问谢飞。"焦雄屏不依不饶。

"行，我回北京问。"颜丙燕说。狭窄的走廊里，灯光很暗，路过她俩的人都得侧着身。

记录的是别人的故事
看到的
是强烈的共鸣

焦雄屏急了:"你现在就打电话问。"

颜丙燕只好掏出手机,拨通了谢飞的电话。电话那头,谢飞说:"制片方记错时间了,报名截止日期几天后才想起来,报晚了。"

"好吧。"得到答案的焦雄屏深深吸了口气,缓了几秒,说了这两个字。

后来,焦雄屏又找到王竞,说:"你们这个片子要是报金马奖的话,有可能得一个最佳女演员。"

无论是金鸡还是金马,颜丙燕都不遗憾:"如果拍哪个戏,必须得拿什么奖,多没劲啊,不快乐。"真正令她耿耿于怀的,是一个内因和一个外因。

内因是她在表演中的一处瑕疵。《万箭穿心》公映的成片中,颜丙燕说的是方言,一口武汉话,这是开机前一天才做的决定。那天,当得知剧组的其他演员要么是当地人,要么也会说几句武汉话时,颜丙燕决定,她也要说武汉话。

剧组临时给她找了个老师——一个利用假期在剧组帮忙的武汉小姑娘。每天收工后,颜丙燕就在房间里学武汉话,直到可以自然地说出第二天的全部台词。电影上映后，外地人听不出来太大差别，但有武汉本地的观众表示，颜丙燕的武汉话有点儿"四川味儿"。她为此非常遗憾。"如果再给我一次机会，我肯定提前很久就开始准备。"

外因则是电影的票房。《万箭穿心》上映后，口碑极佳，在豆瓣网的专属页面上，至今有超过7万名观众参与了打分，影片得分8.5（满分10分），这两项数据在国产小成本电影中均位列前茅，但影片的最终票房只有281万。"你不知道我看到这个数字时的心情。"颜丙燕说，"那真是，万箭穿心。"

3

原本，颜丙燕可以不必成为这样的演员——在专业上无可指摘，却要被票房刺伤，这一切只是因为，在某些重要的时刻，她没有乘胜追击。

她拥有一个很高的起点，以舞蹈演员的身份拍戏，第一部就演了女一号。

那是1994年,香港电影《追捕野狼帮》的导演在一家广告公司看到颜丙燕的照片,随即邀请她去深圳试镜。当时,颜丙燕的父亲正在深圳工作,她想着可以顺便去看看父亲,就问导演:"你们给报销火车票吗?"导演说:"我们给你报销飞机票。"她又问:"如果你们没看上我,回来的票……"导演说:"回来也给你买飞机票。"

在深圳,颜丙燕被"夸"着演完了整部戏。"那是一部动作片,舞蹈演员做动作有天然的优势,所以天天听到的都是各种夸。"她因此觉得演戏是一件有意思的事,可以开口说话、表达自己。

1997年,颜丙燕出演的电视剧《红十字方队》在全国掀起收视狂潮,这部剧至今仍被看作是中国内地的第一部"青春偶像剧"。一年后,颜丙燕拿到了中国电视金鹰奖的最佳女配角奖,她慌了:"我一个舞蹈演员,抽空去拍的戏,然后人家给了你一个专业的荣誉。何德何能?你比别人多做了什么?没有。"她甚至想过把奖退回去或者重演一遍,但同时也下决心辞掉了歌舞团的工作，开始做专职演员。

当时，颜丙燕的母亲已经被确诊为绝症，正准备手术，医生说，如果手术成功，最多还有3年。

颜丙燕和母亲的关系并不亲。她从小在山东的奶奶家长大，6岁那年才回北京，母亲刚生了妹妹。"感觉人家是一家三口，我是个外人"。之前在乡下漫山遍野瞎跑野惯了，刚回来那几年，她成天惹是生非，和男同学打架，随手抄起一块砖头就把对方的鼻子打成粉碎性骨折。母亲心想，这孩子完了，太野了，必须得打，直到打服为止。

母亲手术的那天早上，颜丙燕起得很早。她坐在床上，想：今天，我妈妈做手术，如果手术中出现问题，我就会永远失去她，她是给我生命的人，但我对她几乎一无所知。

她奔去医院，在手术室门外站了7个小时，直到医生宣布：手术成功。那一刻，颜丙燕决定——外地的戏一概不接，只在北京拍戏，尽量不演重要角色，只客串。

医生预估的3年在现实中变成了8年——母亲生命的最后8年，一名女演员从26岁到33岁的黄金8年。这期间，颜丙燕只在医生

记录的是别人的故事
看到的
是强烈的共鸣

确认母亲状况很好的时候演过几个主角,剩下的基本都是客串。她从没觉得自己损失了什么,因为,"它让一个女演员在最容易乱了步伐的时候,稳住了。"

2005年,母亲去世后,颜丙燕彻底跌入低谷,瘦到八十几斤,整天整天地坐在窗户边上抽烟。"不吃饭不睡觉,就感觉天一会儿亮了,一会儿又黑了,一会儿又亮了,一会儿又黑了。"

电影《爱情的牙齿》就是这时找到颜丙燕的,她本不想接,但翻了翻剧本后觉得故事不错。这部影片讲述了一个女人的三段感情,从16岁到40岁,每一段感情的见证都是一次身体上的疼痛。这种疼痛感很契合颜丙燕当时的状态,经纪人李姝赶紧架着她去见了导演庄宇新。

这部戏,颜丙燕演得很过瘾,剧中有一段用民间土法自行堕胎的戏,颜丙燕的表演令很多观众"叹为观止"。但因为缺乏经验,技术上出现瑕疵,电影拍了三分之一时庄宇新决定重拍。颜丙燕知道,为了拍这部电影,导演夫妇差点卖了房子,于是,她找到庄宇新说,片酬不要了。

2007年9月19日,颜丙燕凭借《爱情的牙齿》拿到了金鸡奖最佳女主角奖,大量媒体在随后的报道中使用了"冷门"二字,作为导演,庄宇新完全不认为这是个冷门。他带着电影去北京电影学院放过一场,表演系的老师们看后很震惊:这么棒的女演员,居然不是从专业院校训练出来的。

4

在颜丙燕跟李姝签订的经纪合约中,清晰地写着她的选片原则:挑角色、挑剧本、不跨戏,不能同期录音的戏一概不拍,拍摄时间低于一个半月的电影也不接。

"挑"这件事始于1995年,舞蹈演员颜丙燕接拍了古装动作戏《甘十九妹》,她原本的角色是女一号,但看了剧本后她更喜欢女二号,于是,就演了女二号。"从这部戏开始,我有了主动挑选角色的意识。"颜丙燕说,要演就演自己喜欢的角色。

不跨戏是因为"演一个角色就是一个角色,要全身心投入,没法三心二意";不拍非同期录音的戏则是因为接受不了"自己演戏,别人配音"。做演员至今,颜丙燕没去过横店,因为在横店拍戏,无法同期录音;对电影拍摄时间的要求是因为"拍摄时间少于一个半月的电影,不太可能是一部好电影"。

你很难想象这些要求是一位刚刚因为名气不足而被替换的女演员提出的。2001年,为了演一部古装戏,颜丙燕把头发和眉毛都剃了,结果开机前两天,剧组毁约换了一个名气更大的演员。她心里不舒服打电话给李姝,当时,李姝是影视制作人,也是颜丙燕的好朋友,两人只要在北京,一个星期能有一半时间腻在一起。听到颜丙燕"被欺负了",李姝急了,说:"我来给你当经纪人。"就这样,颜丙燕成了李姝签下的第一个演员。仗着两人是朋友,颜丙燕才可以把这些看上去像"非分之想"的要求写进合同,从她成为一名专职演员开始,一直没有改变过。

李乃文与颜丙燕是多年的好友,两人最近的一次合作是出演电影《盛先生的花儿》。

拿了金鸡奖之后,有个在大公司做宣传总监的好友给颜丙燕做了一个方案,表示"肯定能火"。颜丙燕打开方案一看,第一条就是炒绯闻,她不乐意了。"别说我没有,就是有,我也不让你炒啊。"对方劝她:"你去百度搜一下你的名字,前几条绝对都是这些。"颜丙燕去搜了,果然,最先蹦出来的是:颜丙燕的男友是谁。

但她还是做不到。"如果我演一辈子戏只有十个人认识我,我也希望他是因为我的戏认识我,而不是我跟谁好过或者跟谁生过孩子。"颜丙燕说,"我不要,我嫌脏。"

也有大公司的高层想过要挖她,她跟对方说:"我现在的公司是我好朋友的公司,我可以为所欲为。比方说,我不接广告,不参加商业活动。我喜欢的戏,人家没钱我也会去演,我不喜欢的戏,人家给多少钱我都不去,行吗?"看到对方有点尴尬,她马上给了个台阶,"所以,还是继续当酒肉朋友吧。"

冯小刚导演的《唐山大地震》曾定过颜丙燕一个角色,但因为拍摄地杭州天天下雨,布景一直搭不起来,后来,雨停了,颜丙燕的另一部戏也开机了,因为不跨戏,她放弃了。冯小刚也只好将那个角色从剧本中删除。

"像这些大片,这换了谁都会和眼前的剧组沟通一下,请个假,串几天戏,至少可以跟人家导演建立一定的关系。"李姝说,"颜丙燕在这方面,完全为零。"

5

"你会不会觉得自己有点儿……不合时宜?"

"不是有点儿,是太不合时宜了。"颜丙燕说。

"矫情"是颜丙燕形容自己时使用次数最多的词。"在圈里,大家都知道我矫情,也都知道我没面儿。"

对于"矫情",庄宇新是不认可的。拍《爱情的牙齿》,两人第一次见面时颜丙燕化着很精致的妆,庄宇新上来的第一句话是:"能把妆卸了吗?"颜丙燕直接回了一句:"唉,敢情白化了,早知道我就不化了。"

卸完妆,庄宇新又提出让颜丙燕现场试一段戏。这一次,颜丙燕拒绝了。演员拒绝试戏的桥段庄宇新见多了,大多是为了面子,为了范儿,但颜丙燕的理由让庄宇新觉得很真诚,没有套路。颜丙燕说:"现在这个场合不适合,我的状态是跟着环境走的。如果能带上妆、带上服装,在真正的场景中,我的戏一定能给出来。"

其实,颜丙燕也有点想不通自己怎么矫情了。"我的原则就是这个东西拿出来得不丢人。"她说,"我只是在坚持一些作为一名演员最基本的东西,在一部戏里好好待着,不跨戏,给对手搭戏,好好背台词,要求呈现最好的表演状态,这不是一个演员最基本的吗?怎么就变成别人眼里的矫情了?"

但"没面儿"她是承认的:"我爸说过,我闺女拍戏的时候六亲不认,亲爹来了都不好使。"

2011年,颜丙燕在电视剧《借枪》中扮演了一个丈夫是地下党的大鼓名角儿,这个角色是导演姜伟特地为她"加"的。3年前,姜伟执导的《潜伏》开拍前,他本计划找颜丙燕来演女主角翠平,但后来因为角色搭配等原因,颜丙燕与翠平擦肩而过。对此,姜伟心里一直有点过意不去。

但《借枪》的第一场戏,颜丙燕就没给姜伟面子。那场戏拍的是她要和丈夫在家请小叔子吃顿炸酱面。根据剧情,在这场戏之前,她和丈夫为了给孩子凑一块钱学费,挣扎了整整10集,为了让小叔子吃上这口炸酱面，她还要去把旗袍当掉。但到了现场，颜丙燕进棚一看，布景的房子里摆满了家具和古董。

"不行，这不对。"她跟现场导演说，"这些柜子、家具古董，随便把哪一件拿出去当了，孩子的学费、小叔子的炸酱面就有了，现在这样没法拍。"导演找来了美术，美术解释了一通，颜丙燕还是不干，她也不吵，就是坚持说，不行。

当时，张嘉译和李乃文正在院子里候场，此前，他们已经在这间屋子里拍完了两场戏。颜丙燕走过去问张嘉译："别人不知道，你不知道啊？这能演吗？"张嘉译说："我说了，但我只是演员，人家就这样了，我只能提一提。"

据李乃文回忆，这场僵持进行了好几个小时，时间长到他从一个完全不会玩"植物大战僵尸"的人变成了熟练玩家。最后，现场导演妥协了，那间屋子变成了四白落地，除了一些生活必需品，别的什么都没有。

颜丙燕能这样，身为多年的朋友，张嘉译一点儿也不意外："她就这样，要求高，身段儿也高，谁都瞧不上。"而作为在生活中与颜丙燕接触更多的"男闺密"，李乃文更是觉得这太正常了。

"她爷们儿起来比谁都爷们儿。"李乃文说,"经济社会,钱跟颜丙燕是老大。"

6

今年春节前后,李姝去了趟颜丙燕家。在颜丙燕之后,李姝又陆续签了一些演员,她不再是颜丙燕的经纪人,而是老板。她想找颜丙燕聊聊,因为前不久她突然发现了一件事:2016年,颜丙燕一年没拍戏。

《万箭穿心》之后,颜丙燕再次没能乘胜追击,这已经不是什么稀奇事,对她而言,能力和商业社会所需要的名气,就像是两条永不交汇的平行线,在各自的空间独立存在,这几乎成了一种既定事实,或者说——宿命。但一年中一部戏都没拍,这还是第一次。

李乃文说这几年的颜丙燕"更较真儿了,越来越喜欢一个人在家待着,一个人守着一大缸鱼,越想越想不通"。颜丙燕不认同:"'挑'这件事儿,一直都是这样,没有'更'。"

但是,时代变了,"一直都是这样"就变成了"更"。

2013年秋天,颜丙燕正因《万箭穿心》到处领奖,某部青春片上映,饱受争议但也狂揽票房,那是IP热最早的浮现。颜丙燕有点儿好奇,一天晚上,她让助理江小杉找出来看看。看完后,她捂着胸口在沙发上坐了将近一小时,一句话也说不出来。江小杉吓坏了,赶紧给她找其他电影,这时,颜丙燕突然说:"我不干了,如果这叫电影,那我演的叫啥?"

她一边想着自己还能干什么,一边给李乃文发微信、打电话,气得不行。李乃文说了她一通:"能干的人本来就不多,您老人家再一退,这也是一种妥协。"颜丙燕觉得有道理,"只要有人还在,那我就继续干呗。"但从那以后,江小杉再也没有给她看过任何一部类似的电影,真的怕她退出影坛。

之后的几年,IP热愈演愈烈,网络文学备受追捧,热钱越来越多。有媒体报道称,2016年每个月都有上百个剧组启动筹备。来找颜丙燕的人并不少,只是,靠谱的不多。有两个抄袭韩剧的片子找到她时,连完整剧本都没有。对方说不需要剧本,开拍之前找人把韩剧扒下来就行。颜丙燕听完眼珠都快掉地上了,"还带这样啊!"

还有投资人拿钱"砸"她,想让她去给自己片子中的小鲜肉镇场。为了配合小鲜肉的时间,对方希望颜丙燕的戏在20天之内完成,给的片酬很高。经纪人来问她,给这么这么这么多钱,行吗?"不行。"对方掑高了筹码,经纪人又跑来问,给这么这么这么这么多钱,行吗?"还是不行。"

"对于很多人来说,这可能是中国影视行业最好的时候,因为机会最多。"《万箭穿心》的导演王竞说。但对于颜丙燕而言,这更像是又一种困境。

2016年一年,没事儿的时候她就待在家附近的一家小饭馆看剧本,一看就是一下午。她形容自己这一年"看了一万个剧本",但看来看去,就是没有一个"带劲的,也说不上烂,但就是没意思"。

颜丙燕的感觉很快在各种"影视行业2016年年终总结"中得到印证——2016年,全国电影总票房的增长率比前一年下降了45%。与票房一同滑坡的还有口碑。2016年,在中国公映的600

多部电影中，只有两部国产片的豆瓣评分超过8分。

电视剧行业也面临同样的问题，一剧两星使得大量剧组无法通过发行赚钱，只能去追逐流量明星，期待通过粉丝效应来赚快钱。过去每年都会出现至少一部像《潜伏》《甄嬛传》这样的"剧王"，但在整个2016年，一部都没有。

李姝劝颜丙燕将合同里的接戏原则精简一下，比如同期声这条。去年，颜丙燕唯一一部觉得还不错的戏，就是因为无法实现同期声而放弃。"本来好戏就少，再加上这一条，基本上把路都堵死了。"

为了缓解李姝的焦虑，颜丙燕说，好好好。但李姝再次确认时，她又说别的了。"不行，不能减。"颜丙燕说，"即便是我自己配，也不可能有现场同期的效果好，后期配的音，没魂儿。"有一次，她进棚为自己的戏补录个别台词，一个小时能补完的词，颜丙燕录了12个小时，导演觉得没问题了，但她听着依然"想杀人"。

李姝承认，她和颜丙燕的合作，某种程度上是违背商业原则的。"要是换了别的年轻演员，该拍的戏你就去吧，没什么可商量的,但到了颜丙燕这儿,我很难在她面前找到老板的那股劲儿。"

7

一年没拍戏,颜丙燕并没闲着。做评委、学古琴、学英语、健身、看剧本……日子被塞得满满当当,但心里终归还是不太舒服的,她甚至一度觉得有点"丢人",公司每年都会为旗下演员拍宣传照,去年她就没去拍。"没赚钱就别乱花钱了。"

但后来她发现,并不只有她是这样。2017年年初,她在某个颁奖礼上遇到一些演员朋友,一聊天儿才发现对方也一年没拍戏,颜丙燕才明白,自己遇到的状况并非个案。

在这样一个时代,一位好的演员到底该如何自处?这似乎成了摆在很多演员面前绕不过去的命题,女演员尤甚。

演员是被动的职业,40岁左右的女演员尤其被动——这几乎是整个影视行业的共识。再加上随着90后年轻人成为整个影视行业最渴望去取悦的对象,这种"中年女演员困境"显得更为扎眼。相关数据统计显示,近两年内上演的国产电影中,以40岁左右女性作为女主角的影片不足20%。

戏少,是一种尴尬,演谁,更是一种尴尬。

谢飞曾给颜丙燕递过一个剧本,剧中有一对母女,母亲50岁左右,女儿25岁出头,颜丙燕拿到剧本后就蒙了,问谢飞:"谢老师,您打算让我演这俩角色中的谁?"刚过44岁的颜丙燕看上去依旧很年轻,但她表示自己已经无法再装嫩了。"真演不了,女孩眼里全是问号和惊叹号,但女人眼里,是很多省略号。"

颜丙燕承认,自己能从舞蹈演员变成演员,是"祖师爷赏饭吃"。对于这一点,谢飞是认同的:"丙燕是一个悟性很高的演员,她的表演完全是自己在实践中一点一点学的,这是要靠比较多天赋的。"

她说自己有一种独特的"敏感"。"有一次,一位化妆师跟我说,燕儿姐,你化妆的过程就是变身的过程,进来时你是你,但化好妆时,你的神态、状态就已经不由自主地变成那个角色了。"颜丙燕想了想,好像是这样,"外面雨下得大一点儿小一点儿,是不是有鸟叫,我马上就能感受到,而且会表现出不同的状态。"她格外保护这种"敏感",也因此而觉得,要格外尊重祖师爷赏的这碗饭。

当然,她觉得自己也有需要调整的地方,比如某些偏见。

去年有一部网剧找她,她直接拒了,因为她之前看过一部很烂的网剧。后来,李乃文告诉她自己接了一部网剧,颜丙燕立刻损了他一顿:"你行不行啊?你都混到这分儿上了。"没过两天去公司,李姝说她准备投拍一部网剧,颜丙燕愣了:"你们这都什么情况?"回家后,她又找了一部网剧《法医秦明》,看完后她反省了一下,说:"以后不能这么绝对。"

尽管嘴上吐槽颜丙燕"越来越汉子,就差长胡子了",但对于颜丙燕一直扛着不演戏这件事,李乃文很理解:"不干就不干,让她痛苦干吗?她一个人能搅得动市场吗?"

和颜丙燕不同,李乃文2017年一年没闲着,戏一部接一部。"我得赚钱养家啊,大环境不好,我做好自己就行。"他说,"颜丙燕是在旋涡之外的人,我是在旋涡边上的人,就算哪一天不小心被卷进旋涡了也不怕,因为颜丙燕能一巴掌把我抽出来。"

"趁我还没结婚,不用照顾老公也不用养孩子,就让我先任性着呗。"每当有朋友劝她放低标准,颜丙燕都会给出这个标准答案。

"所以说,如果你结婚生子了,还是会妥协的?"

你别指望颜丙燕能给你肯定的答案,她想了一下,说:"我应该会转行,真的。"

8

最近一个对颜丙燕的现状表达担忧的,是她的父亲。

前不久,颜丙燕带着父亲去体检,中午父女俩吃饭,父亲说:"丫头,你去年一年没干活,我怎么看你今年又有点儿不像要干活的样子?"

"没事啊爸,我扛得住,大不了再扛一年,就算明年还不好,我也还能扛一年。"颜丙燕说,"不就是把生活水准降低一点吗?

我们也是穷过的人,我不怕再坐公共汽车、吃方便面、租个小房子住,我回得去。""回得去"这件事,李姝完全相信。"她在生活上不矫情,大家一起出去玩,吃住行,她一点要求都没有。"

对于吃苦这件事,颜丙燕有一种天然的接受感。"小时候练舞,老师根本不管你疼不疼,一脚就给你顶到墙上了,随便哭,因为不这样,你达不到。"她当时的理想是跳一辈子舞,所以觉得生活就应该是这样的。"等哪天生活不给我苦吃了,我可能还不适应,觉得生活怎么这么瞧不起我了。"

因此,觉得她亏了,为她不平、替她不忿的似乎都是旁人,她自己倒是一脸不在乎。

吴辰珵是宁浩工作室的年轻导演,她说:"过去一年,宁浩工作室有不少项目讨论过颜丙燕,她的名字与一些'小花'并列出现在黑板上,但因为人气、年龄、气质等原因,后来都被画掉了。"

每次颜丙燕的名字被画掉时,吴辰珵都会有点难过,她的另一个身份是拍《万箭穿心》时教颜丙燕说武汉话的方言老师。吴辰珵之所以选择学电影,也是颜丙燕的建议。

记录这个时代
值得被记住的人

"她还挺被埋没的,哪怕她不追求红,但我希望有更多人可以看到中国也有演技很好的人。"吴辰珵说。至于她在工作室看到的,吴辰珵从未告诉过颜丙燕,但她自己肯定都知道。

的确,颜丙燕会在两个时刻让你觉得"她肯定知道"。

一个是自己主演的电影票房不好时,她会很自责。平时她总是强调"我是演员,不是明星",但这时她会想:如果自己是个女明星就好了。有一次遇见姚晨,她还跟对方开玩笑说:"我怎么不是你呢?"

另一个则是将她定义为"文艺片女王"时,她会轻拍几下桌子,开玩笑似的说:"别总说我是做文艺片的,回头别的导演都不找我了。"

但更多的时候,颜丙燕会选择"认了"。因为别人眼中的"不顺"归根到底,大多都是自己主动选择的结果。选择即接受,颜丙燕严格遵守这条成年人法则,正如她一直使用的微信签名——无欲则刚。

这一切似乎都源于一个瞬间。

那天,去剧组递材料的颜丙燕围观了一场拍摄。"两个女演员正在演一场大激情戏,其中一个正在哭诉自己的各种不如意,那哭得呀,眼泪横飞,动作幅度也特别大。我当时就觉得,哇!这才叫表演!她的所有动作、表情、眼泪掉下来的时间,都特别准确。我当时特想鼓掌,就想,人家怎么做到的呀?"

但当她一转过头,却看到了完全不同的一幕。"另一个女演员,一句台词都没有,就站在对面看着她,然后,眼泪啊,就在眼眶里抖。那么远,我就看了一眼,但是,我心都碎了,就是,她什么都没做,我的心碎了。"颜丙燕至今回想起那一幕时,心还是抖的。

她说,那一瞬间,她明白了一件事——我到底要做一个怎样的演员。

记录的是别人的故事
看到的
是强烈的共鸣

记录这个时代
值得被记住的人

吴越：打破『脸谱』，造一个骨灰级小三

◆ 文：朱柳笛

作为观众，也是时候接受这样的第三者角色设置了：可以不美，可以不恶，但要活出自我，活出成长。

1

这是吴越第一次出演一个被广泛讨论的角色，也是她再不想演的角色。

她的尴尬和困惑在于,直到今天,仍然有观众将演员与其扮演的角色混为一谈——《我的前半生》播出后,有网友愤怒地冲到她的微博下开骂——这部剧里,她饰演介入他人婚姻的"非典型"第三者凌玲,演技全程在线经得住检验,最后一度被称作"教科书般的小三上位史"。

这部改编自亦舒小说的电视剧从一亮相起就争议不断,播出二分之一后,豆瓣评分已经从8分多下滑到7.2,但分数丝毫没有减弱它的热度,因为剧中值得观众讨(吐)论(槽)的维度实在太多。

无论是说出"面对婚姻和家庭,教养不值一提"的家庭主妇子君,尽管她之后的人设是要转变为独立女性;还是热心拯救失婚闺密的事业型女强人唐晶,最后陷入与闺密相争的狗血处境,她们都离亦舒原著里的女性太远,离电视剧想要表达的成长母题太远。相较之下,吴越饰演的"骨灰级小三"凌玲倒成为一股清流脱颖而出了。

亦舒笔下的女性,乍一看都活得独立自主、漂亮通透,但往残酷的里子说,那些小说又何尝不是一部都市生存指南?女性要活得自尊自重,无论落入怎样的处境都要始终提着一口气,维持

记录的是别人的故事
看到的
是强烈的共鸣

记录这个时代
值得被记住的人

一份体面和尊严。这样的要求和现代女性成长的价值观自觉形成一种合谋。

可中国的电视剧史,从来就是一部"脸谱化"史,哪里谈得上女性成长,连第三者也是。让人印象深刻的,除了1998年《来来往往》里的林珠(许晴饰),就只有1999年《牵手》里的王纯(俞飞鸿饰)了。这是两个让人恨不起来的第三者,许晴那时还有星星眼,明艳不可方物;俞飞鸿热烈又极具奉献精神,如同张爱玲笔下的红玫瑰。

之后的这些年,连好电视剧都谈不上,又还能指望能有什么好的女性角色?只能在家长里短和鸡毛蒜皮里扒拉出那些整齐划一的第三者面孔:必然是年轻、贪婪又不怀好意的。

直到《我的前半生》里的凌玲:她是穿着土气职业装的孩子他妈,眼角还有未经修饰的鱼尾纹,看起来异常朴素;她也是一个学历不高的底层奋斗者,称得上是独立自强。她为陈俊生准备胃药、人参,替他出轨开脱解围,是一个从细微之处入手、让对方无法拒绝的第三者形象。

相比马伊琍的抓马体质,凌玲的出场是自带柔光的。她坐在陈俊生的宝马车里，配乐立即切换为蓝调布鲁斯，缓缓吐出让对方快回正室身边的催促后，带着一点点伤情、自持和欲说还休——如果我是陈俊生，恐怕也是抵挡不住的。

吴越演火了凌玲，让人恨得想咬后槽牙，除了表演极具层次，还有她对角色分析上的逻辑先行，用我们写人物的话说：立得住。

看她的采访，是在好友海清的推荐下接了这个角色，在分析剧本时，她为自己先设定了一个前提：从庸常婚姻里逃出的凌玲更关照爱情，她是爱陈俊生的。因为爱他，会说出可以离开他的话——以至于她把这个角色演得既委屈，又被观众解读出了爱一个人后不自觉的步步为营。

2

《我的前半生》播出前，许多人提起吴越，会自动将她归类到"演技在线但没那么红"的女演员榜单上，同在这个序列里的还有颜丙燕、郝蕾、柯蓝、秦海璐……

不想红？当然不是。没人比她更清楚红了之后的好处，但毕竟她上一次参演的电视剧像《我的前半生》这么受关注，已经是20年前了。

那时吴越饰演《和平年代》里的军旅女记者闻璐，出于英雄情结倒追"沙书记"张丰毅。刚20出头的她还梳着空气刘海，活泼伶俐，怀抱双膝忽闪着眼睛，满满少女情态。

她自诩为运气一直不错，刚出道就接了这么个剧本，编剧写了4年，都是上老山前线打过仗的人，对军人了解得不得了，以至于闻璐这个角色写得非常可爱——她甚至都觉得，好像谁演都会很好，只不过是自己运气好。

其实当年吴越的优势还是很明显的，以专业第一的身份进入上海戏剧学院，所在班级比起出了陆毅、鲍蕾、罗海琼、薛佳凝等一堆名人的99届并不算出众。但她毕业后接的第一部戏是《北京深秋的故事》，导演滕文骥后来拍了《血色浪漫》，给她搭戏的是陈宝国和李亚鹏，这样的男演员配置阵容豪华，就算放到现在也绝不会掉链子。

而闻璐一角,也让吴越拿到第17届中国电视金鹰奖优秀女配角,人人都以为她的星途就此打开,红了——这意味着能拥有话语权,拥有选剧的权利,拥有很多机会。"是非常美好的一件事。"

但又过去两年,她除了跟郭涛一起主演了第一版话剧《恋爱的犀牛》,也没再激起什么水花。

被称作80后恋爱圣经的《恋爱的犀牛》到现在已经有了好几个版本的马路和明明,被讨论最多的是段奕宏+郝蕾这对。同这样一对爆发型选手相比,郭涛+吴越的组合无疑是失色的,但因为是最初的一对,也带着一股原始的、打动人的青涩粗粝。同样是明明,穿红裙子的郝蕾如果炽热浓烈,留着短发、套运动装的吴越就是淡雅诗意,也似乎更符合唱词里"纯洁的天真的玻璃一样"的走向。

那时吴越才排练了20天就上台了,要演40多场,很慌,害怕忘词,不敢看观众的眼眼。大概10场之后,她突然觉得,不能甘于这样了,要开始革命,于是撕掉衣服,裤子也剪破,后来甚至会趴在地上,听舞台的声音,感觉在跟它握手,跟它融在一起。以至于孟京辉评价说,吴越是一个"清新又带点儿神经质"

记录的是别人的故事
看到的
是强烈的共鸣

有"柠檬味儿"的明明。

可活在盛行弱肉强食法则的影视圈里,"清新"或"柠檬味儿"是远远不够的,有时候是需要有那么一点不顾一切向上的力量,我们可以称之为"野心"或者"生猛"。

吴越的父亲是著名书画家、篆刻家吴颐人,师从钱君匋(丰子恺的大弟子)。生在这样优渥的家庭,她小时候也跟着父亲学过篆刻,没吃过什么苦,也不需要像其他女演员那样争抢,拼尽全力往上走,一切顺其自然就好。

她曾经形容自己的个性:"我这个人不太喜欢伸着脖子等,我觉得这是给自己添堵的事,所以我喜欢到我篮子里的鸡蛋挑一挑,我是这样的。"很多人评价她人淡如菊,恐怕和这样的原生家庭设定也有关。

人淡如菊的另一个反面,是星途到这里也就戛然而止了。尽管后来都在陆续参演电视剧,但再没有如同闻璐那样引人注目的角色了,以至于好多人见她说"吴越这部戏是你最好的一部戏"时,她其实也会忍不住问自己:"这么早就到了珠穆朗玛峰了,从此再也没有了吗?"

3

现在来看,《我的前半生》应该能算作吴越的另一个小高峰了。

小三角色引发争议后,吴越关闭了微博评论。这事儿搁其他女演员身上,估计是一顿自嘲解围。但吴越不会自嘲,在最近的好几次采访里,她都提到自己是一个非常敏感而脆弱的人。"没勇气再演凌玲这样的角色。"

父亲吴颐人用手机拍了一首侯宝林的诗赠她,看起来是乘飞机时顺手写在垃圾袋上的,提醒她不要在意,淡然处之。

吴越确实也是这样的态度,包括对待感情——这也是凌玲这一角色被热烈探讨的另一个原因。

《我的前半生》里,三位女主角在戏外都被传闻遭遇过第三者,马伊琍跟袁泉目前看来暂时还是维系住了婚姻,冷暖自知。但吴越,无数人会认为,尽管她在剧中饰演了一位所向披靡的小三,但在现实里她就是"被三"的那一位。

这又是个情感罗生门:2000年时吴越跟陈建斌因拍摄小成本电影《菊花茶》相识后恋爱,再后来的故事就是5年后陈建斌和蒋勤勤一起拍摄《乔家大院》。当年陈建斌与吴越分手,1年后,陈建斌和蒋勤勤结婚。尽管蒋勤勤已经澄清她和陈建斌确立关系前就见过前女友写的分手信,但观众们还是更愿意看到剧中人与现实生活有更多的对照和关联。

蒋勤勤澄清小三传言的那天,吴越没什么反应,微博上的内容是去见了当年在上戏时对自己关照有加的老师。她的微博简介也写得好玩:人若无癖不可交。吴越的癖应该是旅行和看电影。她始终没有结婚,家中没有电视,二层直接被改造成一个观影室,有一整面墙都是电影碟片。

她看起来一个人活得也很自洽,会在微博上写身上存了三个人,一个是认真的小孩,一个是强迫症的老人,还有一个是吊儿郎当、游手好闲、自由散漫、浪费时间的人。后来,第三个想独霸天下,在一个月黑风高之夜把前两个谋杀了。

吴越是上海人,到底她还是要同亦舒笔下的女人一样,维持住一个大青衣的庄重和气质的。"我从小用上海话讲就是一个比较'拎得清'的人,任何事情十分我最多表达出七分,含蓄是我的人生原则。"——用力过猛会少些美感,自暴自弃会有些可惜,有第三种应该更好。

 这跟她饰演的凌玲一样,绝不是热烈的。你可以说她不够年轻貌美,也可以恨她故作柔弱、以退为进,但不得不承认,这个角色有成长、更真实、接近生活的全貌。

 而作为观众,也是时候接受这样的第三者角色设置了:可以不美,可以不恶,但要活出自我,活出成长。

记录这个时代 值得被记住的人

"病人"薛之谦:我的内心世界不给你们看

◆ 文:陈墨
◆
◆
◇

  一次采访中,被问及最喜欢自己哪首歌,薛之谦选了一首《马戏小丑》,因为"艺人并不是像大家想象的(那样),他有小丑的一面"。

  成为谐星以后,薛之谦什么味道都尝过了。

  他吃过焦糖口红、眼镜、纸片,生嚼过蜈蚣,被灌过动物粪便,嘴里还蹦进过下水道里的污泥。除此之外,他还试过头砸榴梿、手砸榴梿,在雪地"尬舞(跳舞)"以及与大张伟用澡巾互搓鼻孔。

过去一年，平均每隔两天，人们就能在各种综艺节目里见到这位语速飞快的"段王爷"。自2005年选秀走红后，时隔10年，33岁的歌手薛之谦火速翻红，成了"2016年明星网络热度排行榜"上升榜的冠军。

这位人气王的日程精确到分钟。接受"每日人物"访谈前两分钟，他的助理说："我们正在吹头发，还有1分钟。"

薛之谦无疑是歌手中最有趣、谐星中最励志的一个。

过气的日子里，他开火锅店、服装店，自己出钱做专辑，凭借微博段子重回公众视野。他一年怒接40档综艺，因为特别想红，红了才能让别人听他的歌。

一档综艺节目中，心理医生为包括薛之谦在内的6个明星做了心理测试，结果发现，薛之谦的心理问题最令人担忧。这个笑料不断的段子手，其实是"孤独的奋斗者"，压抑着内心的伤痛，用搞怪掩饰自己的不安。

也是在这档节目里，长期超负荷工作的薛之谦高烧加急性肠胃炎，脸色煞白，被送去了医院。

记录的是别人的故事
看到的
是强烈的共鸣

装疯卖傻掩饰伤心

10天后,肠胃炎尚未痊愈的薛之谦发布长微博回应劝他休息的粉丝:"你们别为我担心……我也不值得同情……路都是我自己挑的……死在自己手里也比以前死在公司手里要舒服多了……"

薛之谦毫不怀疑,如果不是被以前的经纪公司埋没,自己早就红了。

真人秀席卷中国的2005年,22岁的薛之谦一夜成名。在《我型我秀》夺得四强后,走在路上的薛之谦发现,所有人都跟自己打招呼,进地下商场逛一圈,瞬间被粉丝围住,最终被保安抬着才越众而出。

选手与办节目的经纪公司签下了七年合约,薛之谦和另一位人气选手君君成了组合,两人的写真集《谦君一发》热销15万本,薛之谦首张个人专辑《认真的雪》也大获成功。

最红的时候,薛之谦出门带过7个助理。

"开始OK,后来就越来越不OK了。"在很多节目中,与前公司的恩怨成了薛之谦常讲的段子。公司老板想做自己的音乐剧,无意发展《我型我秀》艺人,2010年,薛之谦自费制作的第5张专辑等着发布,而公司连5000元的宣传费用都不给。

彼时,一批又一批"快乐男声""好男儿"被选了出来,而当年红极一时的《我型我秀》艺人离开公司纷纷转行,君君去卖珠串、罗开元去卖避孕套、高娅媛转行做服装,连微博认证的"V"都想去掉,因为不想承受周围人的目光。

薛之谦留了下来,自己搭服装、做造型、找钱做专辑。那是他最抑郁的一段日子,整个人暴瘦,脸颊凹陷,颧骨突出,那种被束缚、孤立无援的感觉就像在和一个人掰手腕。"你不能动弹,很痛苦。"

参加一档名为《一呼百应》的节目时,歌手要自己宣传,召集3000名观众看自己演出。那天下着雨,薛之谦在路上发传单,没有多少人理他,小孩子说"不要",大妈对着镜头问"这人是谁啊"。

记录的是别人的故事
看到的
是强烈的共鸣

几小时的宣传时间里,薛之谦在学校食堂、宿舍楼、商场、公园里一溜小跑,一边跑一边用大喇叭喊着介绍自己,工作人员赶他走,他恳求:"我不拿喇叭喊了,只是跑跑发发传单好吗?"被拒绝后回到车上,他自嘲:"今天恐怕要完不成任务了。"转头悄悄红了眼眶。

好友乔任梁去世后,薛之谦坦承,过气时整整3年的时间里自己也患有严重的抑郁症,每天靠安眠药入睡。最严重的时候,他想过跳楼,最后决定靠自己好好活一次,卖掉房子,和朋友筹资开了火锅店。

他又在淘宝开设了女装店,创业补贴音乐。最近,他获得淘宝iFashion"年度红人"的称号,一举成为淘宝上最红的明星店主。

"一开始什么都自己做,桌椅我自己订,盒饭都是我来订,做包装被骗了一大笔钱,都跟人家骂上了,我完全是第一线磨出来的。"薛之谦对"每日人物"说,语速依然飞快。

赚到的第一笔钱就拿去给专辑买了广告,他不放弃任何一个宣传自己的机会:在电视剧里跑龙套、演娘娘腔的小配角、在情景剧里扮演搞笑角色哭闹着往地毯下面钻。

一档综艺节目里"很久没有发片的薛之谦"被要求吃蜈蚣，吃完现场流了鼻血；还有一次，现场趣味合唱，三个演员一人一句，而薛之谦嘴里塞着东西，背对镜头挥舞着鸡毛掸子充当指挥。

2012年4月，薛之谦在微博上鼓励自己要为了理想坚持："装疯卖傻不让人察觉我这几年的伤心。"

把一切悲剧讲成段子

除了唱歌，很难再在薛之谦身上看到伤心的影子。他把自己归为"谐星"，"大家开心我就开心。"2015年，一条试图带狗过安检的搞怪微博，让网友重新发现了半红不紫的薛之谦。

更多的段子、视频被发掘出来，这位过气偶像歌手迅速成为"B站四大神兽"之一和"微博宠物"，并与大张伟合称"南薛北张"，扛起了综艺界的"半壁江山"。

记录的是别人的故事
看到的
是强烈的共鸣

记录这个时代 值得被记住的人

薛之谦有一种神奇的能力——把一切悲剧讲成段子。他用"跟尿一样"形容过去公司的宣传,说自己"经常被前女友们甩了又拖回来再甩,以至于现在写歌创作灵感都用不完",还能绘声绘色地讲起,当年只有一个歌迷接机,他小声叮嘱对方别出声太丢人。

10年前接受"猫扑"论坛采访时,被问及最喜欢自己哪首歌,薛之谦选了一首《马戏小丑》,因为"艺人并不是像大家想象的(那样),他有小丑的一面"。

去年,薛之谦把自己的英文名改成了"Joker(小丑)",在这之前,他是与偶像张学友同名的"Jacky"。

薛之谦的理想,是成为像张学友、陈奕迅这样的歌手,他告诉"每日人物":"一切顺其自然,不强求,歌有一首做一首,我希望一直走一直走,然后回头看时发现自己已经走了很远。"

综艺节目中的薛之谦总是特别用力,一言不合就"尬舞",经常甩出增高垫、假发片,有一回连裤裆都撕裂了。

去年年底,《我们的挑战》做了一期谐星专题,嘉宾包括九孔、八两金、扮演如花的李健仁等,游戏中需要回答问题:说一件你差点为此退出娱乐圈的事。

两位前辈讲完人生起落后,大家纷纷说让谦谦讲讲。穿着粉色睡衣的薛之谦坐在舞台上的床边,音调沉稳,表情也没有一丝搞怪:"如果可以让你很帅气地站在大家面前,为什么不这么做呢?不是我们自己甘愿去做谐星……我们要讨生活……因为必须有了生活以后,我才能去做自己想做的事情。"

薛之谦说自己是硬着头皮上综艺,每次上台前都要拼命想哏。"再做一年综艺肯定疯。"但是综艺于他而言,承担着两个重要作用:第一,赚钱养活音乐;第二,在没有音乐作品推出的间隙,维持他的曝光度。

尽管音乐已经得到了重视,但薛之谦早已接受了音乐不赚钱的事实:"其实在中国做音乐并不是件非常容易的事,因为它跟做公益有共同性,就是没钱赚,一样的非常辛苦,而且绝对的抑郁。"

他说自己已经33岁了,必须抓住这个机会冲一把。

记录的是别人的故事
看到的
是强烈的共鸣

记录这个时代
值得被记住的人

把泪水硬生生憋成笑容

过去一年里,薛之谦的日常是,白天赶飞机、录影,晚上做音乐,在各种转场的路上写段子。

记者问起全线开花的薛之谦:怎样做到多线作战又做得很好?"少睡觉。"薛之谦轻描淡写地说道,"每天睡五六个小时,我的身体已经习惯忙碌了。"

薛之谦体脂极低,而且常年神经衰弱,要穿着秋衣秋裤、戴好眼罩耳塞、不枕枕头才能勉强睡着。为了隔音,他爸爸特意给他的房间安了两道门,但是过去一年里,他一共回家睡过3天,见了父亲7次。

做沙盘心理测试时,医生让薛之谦选出能够代替自己心愿的一件东西。薛之谦的沙盘空荡荡的,代表他自己的狐狸尼克站在一角,周围一圈人用枪指着它,面前守着的只是一碗咖喱饭。

薛之谦拾起咖喱饭,说:"最怀念的东西,就是我奶奶做的这碗咖喱饭，咖喱鸡腿饭，就觉得，再吃一碗咖喱饭，多好。"

薛之谦4岁时母亲去世，奶奶和外婆把他带大。成名以后，薛之谦给两位老人买镯子、买项链，把全部的存款交给爸爸打理。他时常自己开车去墓地陪妈妈说话，推掉全部的会议陪外婆去一次东方明珠电视塔。

他一直想使劲赚钱让家里人过上好生活，奶奶临终时，却发现什么也做不了，连最后一面都没有见到。当医生问起，还记得奶奶给你做的最后一碗咖喱饭是什么时候吗？薛之谦像个委屈的孩子一样眨着眼睛："不记得了。"眼泪大颗大颗地流了下来。

薛之谦的沙盘里还埋着蛇、埃菲尔铁塔和一些贝壳，医生说这代表了他隐藏着的伤痛。他已经习惯了把情伤写成歌，将种种坎坷编成段子。

以前心情不好的时候，他会约上朋友去网吧打游戏，现在网吧去不得了，变成自己一个人在家里打游戏。

而今，他说希望自己还能哭一场，可是却做不到了，因为心太老，已经没什么事情能让他感动。

镜头前，薛之谦控制情绪的方法也大有进步，曾经举着话筒

记录的是别人的故事
看到的
是强烈的共鸣

大喊"耶",然后用手背挡眼睛。现在即便情绪被触动了,眯起眼狠狠一龇牙,他能把泪水硬生生憋成一个类似笑容的表情。

他选择在节目之后单独找医生解决心理问题,而不是在镜头前把欠奶奶的话说完,因为"那是我自己心里的世界,我不愿意让人看"。

◆
◆
◆
◇

超女许飞被「偷走」的10年：创业、还债、跑步，游荡归来，还是少年

文：易方兴

超女许飞从巨大的危机中走出来。如今，她依然没有大红大紫，也没有大富大贵，但终于知道自己该过怎样的生活。

见到许飞是在上海虹桥机场的候机楼里。

她依然显得瘦瘦小小，反戴一顶印着"Fame"的纯黑色鸭舌帽，身上套着一件毛绒白色外套，下身则是一条做旧的牛仔

记录的是别人的故事
看到的
是强烈的共鸣

裤,脚穿一双New Balance牌的慢跑鞋。既没有太多粉饰,也没有戴口罩,就像11年前在超女舞台上一样。

许多人喜欢的正是这样的许飞。不少人记得当年那个身材瘦小的女孩,在舞台上双手抱着麦克风唱《那年夏天》的样子。而随着时间的流逝,伴随着红极一时的"超女",很多一夜成名的名字,如今都成为过去时。

但你很难说许飞是或者不是其中的一个。

许飞的微博里,甚至有不少人留言问:许飞去哪儿了?还唱歌吗?还活着吗?

在2006年超女之后的11年里,许飞时常阶段性"消失",又偶尔"出现",她不断在人生轨迹之中变换自己的角色:歌手、创业者和跑步者。她的故事在喧闹的文娱圈里,算不上星光熠熠,却弥足珍贵,讲的是一个女生如何成长和独立。

精神哮喘

2017年1月22日晚上9点,在ONE DREAM现场,对喜欢了许飞11年的歌迷小蕾来说,无论演出场地大小,能见到偶像就是最开心的一件事。

像小蕾这样的"10年老歌迷",现场大概有不到50人。那些歌迷一直以"飞碟"自居,他们从偶像身上看到自己渴望拥有的品质,亦或是折服于偶像具备的精神力量。

"飞碟"们不约而同地提到许飞经历过的一次"巨大的危机"。

当时,许飞在解放军艺术学院读书,临近毕业收到两家部队文工团的面试通知。出于对铁饭碗本能的恐慌,她拒绝了机会。除夕夜,在北京的出租屋,她把这个消息告诉父母,不料母亲瞬间声泪俱下,父亲更是对她大打出手。

许飞出生在吉林梨树一个工薪家庭。母亲买断20年的工龄换来6万块钱，才让许飞考了艺术学院。

她记得当年窗外沉闷的鞭炮声。工人出身的父亲，"一辈子受编制外之苦，最希望的事情，莫过于女儿找一份编制内的工作。"在传统保守的父母眼里，"编制"意味着强烈的自我认同和社会认同，"不仅是人生价值的直接锁定，更是光宗耀祖的事情。"

"每年除夕饭都在父母声泪俱下的指控中度过，但真正让我心疼的是来自父母的绝望。"许飞回忆当年的心酸。

她还是向家庭意志妥协了。2010年，她有了重入文工团的机会，进部队创作军旅歌曲，"走上了父母希望我走的路。"正当她忙着唱军营民谣、上高原、走哨所的时候，前东家天娱传媒以没收到"入伍通知书"为由，将她告上了长沙仲裁委，索赔300万元。

对刚毕业两年的许飞来说，这笔赔偿款，靠部队工资，一辈子也还不清。

最困顿的时候，许飞开始跑步，作为"与自己独处和对话的另一种方式"。

她喜欢边跑边听书，将蒋勋的《红楼梦》来来回回听了多遍。人生第一次马拉松，许飞跑到35公里，身体开始陷入极度疲乏，耳机里恰好是"秦可卿之死"。

　　"秦可卿，这个为贾府操心一辈子的人，香消玉殒之后依然托梦嘱咐王熙凤，好生盘算持家……"许飞一边跑，一边流眼泪。

　　回顾那场危机，她用"精神哮喘"来形容当时的重压。

潦倒与磨难

　　这次小型音乐会是许飞农历新年前最后一场演出，加上"10年老歌迷"，现场不超过50人。

　　尽管观众不多，许飞依然珍惜这次表演。她在微博上引用鲍勃·迪伦的名言："为50000人演奏和为50人演奏是完全不同的，50000人更像一个简单的角色，而50人却能呈现出不同的个性，他们能表达出更清晰的诉求，你必须付出自己最大的才能去征服

记录的是别人的故事
看到的
是强烈的共鸣

他们。"

原本按照固定的乐谱排练就可以交差,但许飞没有草草应付。光一首歌的结尾部分,她想出了3种鼓点的表达方式,反复磨合排练了7遍才罢休。

排练的间隙,许飞不时开两句玩笑:"鼓手老师,您这有鼓的歌这么少,反正闲着也是闲着,我唱的时候您就在后面摇荧光棒好了。"

11年前的那个夏天,上万个荧光棒为许飞挥舞,无数人用手机为她投票。当时,"超女"依然处在巅峰时代。全民投票的形式让这个电视选秀节目一度成为造星梦工厂。许飞以吉他弹唱、干净的嗓音和淡定的气质,在当年的超女比赛中脱颖而出。

21岁的许飞几乎是一夜成名。发唱片、开演唱会、拍电影,尝到成名的快感,用她的话说:"周旋在成名的浮躁里。"

这个东北小城姑娘一度拒绝"铁饭碗",很大部分源自对自由市场的向往。但文娱市场的复杂凶险,超出一个年轻女生的想象。不仅她一人,2005年超女亚军周笔畅、2006年超女冠军尚雯婕等一批跟许飞同期出名的选秀歌手,都跟经纪公司产生过矛盾，星途并不顺畅。

为了唱歌，她一度选择妥协自我，"试图学习林志玲讲话，穿性感衣服"，却很不自在。回到体制端上体面的铁饭碗，或许不失为另一种选择。但市场抡了许飞一巴掌，将她推入危机。

很长一段时间，歌迷听不到许飞的新歌，也几乎看不到偶像的消息。偶尔能见的新闻是，"曾经当红超女沦落为餐厅服务员"，令粉丝唏嘘不已。

许飞是那家餐馆的合伙人。入伍前一年，她曾和朋友共同出资，在北京郊区投资了一个已倒闭的庄园。早期的创业，为后来还债提供转机。为节约餐馆的经营成本，全家上阵，亲力亲为。如今，说起"端盘子事件"，许飞显得很淡然："不想赘述那些潦倒与磨难。"

最难的日子里，许飞每天坚持跑10公里。当她完成第一个马拉松，感叹起来："这个世界上就没有难事。"

"所谓的难事是什么呢？天塌下来了？但是天根本不会塌下来，无非就是情绪上的一些气馁和挫败感。这件事我不行了，或者这段生活我过不下去了。总之都是这种情绪上的。"

记录的是别人的故事
看到的
是强烈的共鸣

许飞说。

抵押了房产、卖了车，苦心经营餐馆。2014年圣诞节前夕，许飞终于还完债。她在微博上发了一篇文章《无债一身轻，继续任性！》，感叹着："明天我将心头无事一身轻，仗剑游走闯江湖。"

不过，那些感叹并没有太多人关注。

空谈的时代已经过去了

音乐会一直持续到晚上12点才结束，歌迷们打开手机的灯光，挥舞了整个晚上。

晚餐时，许飞兴致盎然地谈起刚就职的美国总统特朗普来。她在坐车赶路途中看完特朗普的就职演说和之前的几次总统辩论。她把左手背在身后，右手往前一扬，学着特朗普的姿势，说着她印象最深刻的一句演说词："明天起，空谈的时代已经过去了！"

这句话或许是许飞内心的写照。所谓音乐、成名或者理想，在她眼里，空谈并没有太多意义。

首先是要有尊严地活着，创业改变了许飞。她是同期艺人中，较早尝试创业的人。在投资庄园同一年，她还开办了许飞吉他私塾。

那时，她还是怯于谈钱的，身上还有些"清高"。合伙人有时会跟她说"业界某某来我们庄园吃饭"，或者是"一线影视演员在我们庄园，你也是这一行的，他们说不定能帮到你，我特别建议你去跟他们认识"。

许飞从来都是拒绝的。她觉得很怪，究竟要以什么身份过去，难道过去说"嗨，你好，我是这个庄园的合伙人，我也唱歌"？

如今，许飞释然了。"每段经历都是不可复制的，最宝贵的，曾经的点点滴滴才能铸就一个现在的自己。"

她会在公开场合大方地讲述自己的创业经历，不失时机地跟人推介吉他私塾。她用"少年去游荡，中年想掘藏，老年做和尚"这句话来描述自己对人生的理解。

记录的是别人的故事
看到的
是强烈的共鸣

记录这个时代
值得被记住的人

真格基金创始人徐小平、优客工场创始人毛大庆跟许飞学过吉他；电影明星吴京为了给孩子弹"摇篮曲"，专程到私塾学艺。

许飞总自谦说，我是一个最差的创业者。毛大庆不以为然："相反，我觉得许飞是一个最好的创始人。"毛大庆评价说，"为什么说许飞是最好的创始人，因为她是靠着自己的本事和热爱，还有对美好生活的向往，在纯粹地做着自己喜欢的事情。"

许飞退出了与朋友共同投资的庄园，因为"只想以音乐人的身份以示众人，而不是庄主"。但许飞吉他私塾，她一直经营着，只要想到每周都有学员开车一百公里从天津等地赶来北京学习吉他，就深知它存在的意义。

许飞跟毛大庆一样，都是跑步爱好者，自称"跑友"。跑步对许飞来说已是生活的一部分。她用跑步来寻找"自控感"，"约束自己众多的欲望，整理自己的生活和工作。"

短短两年里，许飞跑了3000多公里，完成了19场全程马拉松，成为了第一个跑完世界六大马拉松的音乐人。她的身体和精神已完成蜕变。"如果我的身体用车的性能来形容的话，没跑马拉松之前，我就是一辆人力三轮车，跑完马拉松，起码现在是一辆捷达的配置。我还会继续升级。"

在获取身体、精神和财务的独立后，最热衷的音乐事业对于许飞来说，成了水到渠成的事情。出新专辑《少年去游荡》、开巡回演唱会，游游荡荡，超女许飞又回到舞台上。

三十而立之际，许飞在微博上写道："2016，我又回来了。依然不大红大紫，依然没大富大贵。"

这一切都不重要了。重要的是，许飞"知道自己想过什么样的生活了"。

记录的是别人的故事
看到的
是强烈的共鸣

记录这个时代
值得被记住的人

这部悄然落幕的电影中，是张艾嘉的失败与伟大

文：卢美慧

作为张艾嘉的徒弟，歌手刘若英曾经唱过一首歌：《我的失败与伟大》。如今，在电影《相爱相亲》上映后，这个歌名似乎成了张艾嘉在电影内外境遇的最佳写照。

1

电影《相爱相亲》并不是一个多么复杂的故事,围绕着一座老坟,牵扯出三代女人的情感故事。

母亲想要把自己父亲的坟从老家迁出,但在老家,姥姥作为原配像守护自己一生的信念一样守着这座老坟。年轻的女儿正在经历纠结热恋,与母亲冲撞冷战的同时也在重新认识、理解上一辈人的爱情与生活。

影片开始不久,年轻的女儿拧着眉头问贞节牌坊上刻的字是什么意思,饰演母亲的张艾嘉随口说了一嘴,意思就是做女人难。

张艾嘉当然是很懂女人的。《相爱相亲》的结构同《20 30 40》有相似的地方,但在这个"20 60 80"的故事里,张艾嘉最大限度地卸掉了以往的包袱,片中的女性都不完美,而是各有各的固执自私,然后在"家"的框架下,对撞、冲突、冷战到最终

记录的是别人的故事
看到的
是强烈的共鸣

和解,拍出了大多数中国家庭狼狈中伴着的温情。

张艾嘉也很懂爱。在她的很多电影中,都会存在爱情中的第三个人,例如《最爱》《心动》,包括《20 30 40》中刘若英的戏份。这几乎是普天之下所有爱情故事的必要组成部分。很多时候,纠结其中,我们会问,对不对,值不值。

这一次,张艾嘉很聪明地把时间线拉到了一个旁人问不出"对不对,值不值"的刻度,姥姥为了一个在外人看来根本不爱她的人等了一辈子,没有对不对和值不值,一切成了既定事实。这是一个执拗的女人选择的人生,那个人在饥荒的年代多寄了五块钱让她做件袄,她就在这份对爱的相信里守了一辈子,把自己的名字守成贞节牌坊上的"岳曾氏",搭上一生的时间也在所不惜。这是她所相信的爱情,也是我们这个时代里已经不复存在的故事。

影片的最后,一场乱哄哄的家庭闹剧在悠扬的音乐声中结束,镜头从关上的门移开,最终定格在客厅中央一块稍显土气的石头摆件上,那种古玩市场随处可见、做工粗糙的廉价摆件,一块青黑的石头上,庄庄重重地刻着一个字:家。这是张艾嘉为所有问题准备好的答案，让我们焦虑的，给我们痛苦的，给我们安定的，最后都是家。

很多人好奇，为什么一个台湾女人会在郑州和洛阳把一部大陆影片拍得如此地道？张艾嘉给出的理由是，她拍的是人的故事，香港台湾或是洛阳郑州都不重要，重要的是，人生存在这世上，都会因爱而喜悦、而固执、而自私、而体谅，会在这些情绪中认清自己在这世界的位置，会在某个时刻突然意识到一个说起来很鸡汤的事实：爱是我们活在这个世界上为数不多的证据。

2

此次《相爱相亲》，张艾嘉最大的贡献是为华语影坛找到了两位好演员。一位是姥姥的扮演者吴彦姝女士，很多观众都被影片结尾的一处情节深深打动，坟被挖开，姥姥抚摸着白骨一脸痛苦，但是又迅速收起自己的痛苦，昂头说道："我不要你了。"

她是一个自尊又骄傲的女人，但在爱的面前选择了彻底缴械，即便到了80岁，脸上仍有少女般的天真。她跟张艾嘉饰演的女儿说，带我看看你的妈妈，但是推开门，目光却一直盯着背弃了自己的丈夫的照片。

另一个是田壮壮。张艾嘉说，你们老说我很会拍女人，这一次，你们看，我也可以把男人拍得很帅的。她做到了，张艾嘉坦言田壮壮是自己年轻时会爱上的那类男人，构思剧本时就跟田壮壮说，你来演吧，这角色只能你来演。

田壮壮在影片中饰演张艾嘉的丈夫，是一个不动声色，又波涛汹涌的角色。很奇怪，田壮壮正经八百的大银幕表演还是路学长1997年的电影《长大成人》，但是看完《相爱相亲》，却有种说不出的熟悉感，这种熟悉我想了很久，也没有答案。

后来某一天我突然想起来，哦，是李安早期电影里的郎雄，《喜宴》《推手》《饮食男女》里打着太极拳、颠着炒勺也谈着恋爱的那位父亲。

郎雄先生已经离世多年，在他之后，60多岁的演员只能扮丑和搞笑，他们是鲜美生命的天然宿敌，只能为年轻男女的爱情故事充当绿叶和拦路虎。观众们已经很久没有在大银幕上看到这样的角色——一位幽默的、隐忍的充满东方智慧和圆融的父亲。在生活四处埋伏好的压抑和焦虑里,他有自己的分寸和志趣,也记得年轻时候买辆车去远方的梦想,一不留神还有个艳遇出现给生活荡开一层又一层的涟漪。

这种滋味是那么的可贵和稀缺,这一回,田壮壮也做到了。

3

很诚实地说,《相爱相亲》并不完美。尤其是推进情节的部分,电视台的记者都给拍成了二百五,脸谱化的设置很牵强,而好的影片一定是体谅所有人的。

但这并没有削减我对这部影片的喜爱。事实上,作为一名张艾嘉的老观众,我甚至认为这是她最好的片子。年轻时候的电影也是好的,但其中总会有炫技和刻意的成分,到了《相爱相亲》,64岁的张艾嘉呈现出的是一种历经岁月磨砺的从容,平淡真诚,恰到好处。

记录的是别人的故事
看到的
是强烈的共鸣

记录这个时代
值得被记住的人

这种轻盈，非时间叠加天分不可拥有。只是，在这个时代，这似乎并不符合一些人的期待。

电影上映前，单向街书店组织了一期张艾嘉与许知远的对谈，现场一位观众站起来问，大意是，张姐，你的电影都很温情，但相比于同时代的其他导演，是不是少了些责任感？

狼奶喝多了的人，总会更迷恋家国天下的豪迈，但哪怕对张艾嘉稍微有点了解，大约是问不出这句话的。前段时间流行过一个肉麻兮兮的句子，叫"从没被生活欺负过的脸孔"，人生漫长，对小鲜肉们如此下定义也许为时尚早，但如果把时间拉到足够长，真说"从没被生活欺负过的脸孔"，一定是张艾嘉如今的样子。

让一个没被生活欺负过的人去承担宏大叙事的责任，本身就是荒诞。何况，换一种角度说，谁说传递温情，特别是在我们这样一个年代传递温情，不是另一种责任？

事实上，张艾嘉一直在电影里为所处的时代做着注脚。为什么选择郑州和洛阳，她说，因为这两个城市就像今天所有的二三线城市一样，到处都是挖掘机和工地，一切都在迅速地消逝。

电影中，她和田壮壮想去找过去的街道办，却在一片机器的轰鸣声中没有了方向。再去找1953年的婚姻登记资料，柜台那边的小年轻们事不关己地说，我们这里只接收了1978年以后的。

主张金钱和效率的年代，并没有多余的地方盛放温情。尽管片名叫作《相爱相亲》，但张艾嘉更像是用一个温情脉脉的故事，讲出了这个时代家庭关系的最大病症，就是相爱却不懂相亲。她将这个命题隐藏在了电影的英文片名中：《Love Education》，爱的教育——一个会用丝线绣上自己男人名字当作遗像的年代永远结束了，在一个狂奔的年代里还有没有真挚的爱以及如何去爱，才是摆在我们面前更为迫切的命题。

4

只是，张艾嘉的期待并没有得到很好的回应，毕竟，这是一个连思考问题的机会都不愿意多给的年代。

《相爱相亲》在北京的第一场试映会上，影片结束后，张艾

记录这个时代值得被记住的人

嘉跟台下观众做了简短的交流。她说，原本片子的名字就想叫"陌上花开"，很美的一个词，应和影片"等"的主题，结果遭到宣传同事的强烈抵抗，说叫"陌上花开"铁定卖不出去，最后才定了现在的名字：相爱相亲。

那场放映之前，金马奖刚刚公布了入围名单，《相爱相亲》以7项提名领跑。张艾嘉问宣传人员说，这下宣传会不会好做一些，宣传答，不会。

张艾嘉玩笑似的说着这一切，但你还是能轻易捕捉到她言语中的无奈。"现在，文艺片不好做呀。"这一次，她收起《念念》时的任性和野心，希望在通俗的世界里真诚地讲好一个故事。只是，在冷冰冰的商业规则面前，这种希望并不容易成真。

《相爱相亲》公映后，出于对这样一部片子命运的好奇，我会每天刷手机看看相应的信息，亲眼目睹了这样一幅景象——在豆瓣上看着评分从8.1涨到8.2，一直到最后的8.6。超过两万名观众参与打分，看过的人大体都认为这是一部好片子。但在购票软件上，《相爱相亲》越排越靠后，到今天，它的排片率仅为0.4%。大多购票软件的首页已经看不到它的身影，需要点击被折叠的"全部",才能在一片打打杀杀的影片名称中看到它孤零零地在那儿。

这是我们必须面对的事实——院线经理们才不会去冒险为一部文艺片开什么绿灯,打打杀杀挺好,二人转电影挺好,人们爱看热闹、爱看打斗、爱死了视觉技术包装出的一阵又一阵虚伪的高潮,于是,谈"爱"本身的片子越来越少了,爱成了稀缺品,连同它背后的真诚和缓慢。

《相爱相亲》的境遇令不少影迷和专业影评人不忿,他们在社交网络中发声:为啥就不能给好电影更好一点的活法?张艾嘉本人倒是很平静。电影上映三天时,她发了一条朋友圈,写道:"二十多万观众去看了《相爱相亲》,有些人翘班去看,有人等午夜场,有人要跑到遥远的戏院去看,我才明白,原来看一部想看的电影这么困难。"态度中有无奈与失落,但言语中尽是克制与体面,"我不再是一朵花,也未坚挺成一棵树,但一直希望是一座桥梁,能让人和人之间更容易来往。简单直接单纯是最好的爱的方式,无论这个世界变得多么现实,我们要始终相信爱的无私无畏。"

记录的是别人的故事
看到的
是强烈的共鸣

记录这个时代
值得被记住的人

  不出意外的话,《相爱相亲》恐怕要重复许多文艺片先前的命运,以并不尽如人意的票房悄然落幕。好在上乘的口碑背后,是这份"爱的教育"的动人与传播。只是,如果有机会见到张艾嘉,我特想跟她说,张姐,我们记者队伍里也有好人啊。

◆
◆
◆
◇

50岁的张扬，终于站着把钱赚了

文：孟依依

9947万——这是国产文艺片《冈仁波齐》刚刚创造的票房"奇迹"，导演张扬也在自己50岁的这一年最终搞明白了一件事：既然什么都想要最后却什么也没得到，还不如就要自己想要的。

2014年3月24日下午，导演张扬正在西藏芒康拍《冈仁波齐》，他爬到山上支好机器等光。这部电影的拍摄中，很多下午都是这样度过的，闲来无事，他在微博上刷到一篇老同学刁亦男

记录的是别人的故事
看到的
是强烈的共鸣

的访谈,当时,恰逢刁亦男的电影《白日焰火》上映,一个多月前,这部电影刚刚在柏林电影节上拿到了最佳影片的金熊奖。

看完访谈,张扬想起了很多事情——老朋友们、过去拍的七部电影,以及目前自己真正想拍的这部。

"我到底做得怎么样呢?"他自问。

晚上,他一个人去小饭馆吃了饭,喝了两瓶啤酒,继续思考这个问题。

◆
◆
◆
◇

"拍没了"

2005年5月,张扬和编剧王要、导演刘奋斗在大理讨论一部以一则新闻为原型的电影。

那段时间,张扬的生活重心正在逐渐从北京转移到云南,他在双廊有一家叫作"后院"的客栈,每年都要在大理住几个月。其间刘奋斗说了另一个故事:一帮老头老太太,从一座老人院里跑出来,一路狂奔,要到海边看大海。

张扬说这故事好，拍完手头上的电影的两年后，他在大理写完了第一稿剧本《飞越老人院》。但过完年回到北京，分歧出现了：张扬和刘奋斗在投资方的选择和操作方式上无法统一。20年的哥们儿，到这时候几乎决裂了。5月，张扬赌气放弃了这部电影。

　　已经两年多没有拍电影、新的项目无法推进、大理的新房子已经开工，催促工程款、材料款的电话不断打进来。他能清晰地感受到自己被焦虑包裹。"真的有些着急，感觉必须要为生活去挣钱了。"在新书《通往冈仁波齐的路》中，张扬首次袒露了自己当时的心态。

　　与此同时，圈子里开始出现"亿元导演俱乐部"。

　　"有时候也想证明一下自己，票房过个亿啥的。"张扬接拍了一部商业电影——《无人驾驶》。请一线明星、植入汽车广告，一切都按照商业电影的方式来操作。电影上映前，他最大的压力来源是票房，"保守估计是六七千万"，但《无人驾驶》的最终票房停留在2000多万，而这也是张扬唯一一部没有获得任何奖项的影片。

记录的是别人的故事
看到的
是强烈的共鸣

"就像这部电影的片名一样,我好像也处在一种无人驾驶的状态。"他说。

紧接着,《飞越老人院》的项目继续推进,但故事在投资方的要求下往感人、煽情、大众化的路上走,张扬一度想要放弃,但最终还是妥协改了剧本:吸毒成瘾的瘾君子老头儿不见了,角色被磨平,"加入了一些鸡汤式的对白。"

戛纳"导演双周"的选片人看完片子对张扬说,电影有点太满了,有点腻。2012年电影公映后,他在面对媒体时又不得不一遍遍重复那些"感人"的故事,说自己多么爱这部电影。"重复的话说啊说,到最后就崩溃了。"但即便如此,成本2000万的《飞越老人院》最终的票房依然只有526万。

"再这样拍下去,就把自己给拍没了。"对于电影,张扬开始厌倦。几乎是同时,他在大理的房子终于全部装修完,张扬把整个家从北京搬去了大理。

生活在别处

张扬在大理的家就在洱海边上,客厅外有一棵亭亭如盖的树,青砖和石板来自冰川和丽江,砖雕极具白族特色,整幢房子取名为"归墅",是"回到云南"之意。

"为什么想把家安在大理?当然是因为能看到苍山的落日,能看到洱海的波光粼粼,这些东西带给我无数次的震撼。"在为大理拍的纪录短片《生活在别处》的开场,张扬说道。

张扬承认去大理是在有意将自己边缘化。之前在北京,他的圈子几乎固化,见面的总是编剧、投资人、演员、宣传发行。他后悔当《飞越老人院》出问题时想到的不是去解决问题,而是手忙脚乱地拍了一部商业片。"可能就是在喧嚣的商业电影大潮里,自己变得浮躁了,想的东西太多,拍电影变得没那么单纯了。"他说,"生怕跟不上节奏就被时代抛弃了一样。"

他在大理的日常是种花种草、收拾院子,从体力劳动中获得

记录的是别人的故事
看到的
是强烈的共鸣

一种具体的快乐。身边还有一群聊得来的朋友，热爱艺术而在客栈中置办小型画廊的MCA老板尼玛、周游世界后复归家乡的当代艺术家叶永清、来幼儿园当社区老师的少儿足球教练法国人Pascal、用苍山泉水酿制啤酒的酒吧老板Scott和Karl、酒吧老板荣洁、舞蹈艺术家杨丽萍……

妻子黄娜形容在大理的生活："挺好玩的，大家没有利益关系，都是来生活的，生活第一。"但这正是当时的张扬需要的，"人文氛围对他很重要。"黄娜说过。

电影因此变成了一件很远的事情。但每次张扬一个人坐在洱海边看苍山落日的时候，很多问题又会卷土重来：电影对我到底意味着什么？该去拍什么样的电影？该怎么去拍电影？

拍摄两部与西藏有关的电影这事儿很快提上日程，一部是《冈仁波齐》——没有剧本，拍摄方法是花一年时间跟一组朝圣队伍朝夕相处，从他们身上挖故事和人物。另一部是《皮绳上的魂》——剧本2007年就写好了，搁了6年。

张扬第一次去西藏是大三时，1991年。"它让我变野了，心里总是向往着那片土地。我也知道终有一天，我肯定会拍摄和那里有关的电影。"因此，22年后做决定时，一切都是不确定的，唯一可以确定的是，这是张扬真正想拍的电影。

"必须活着回来"

张扬上一次拍自己真正想拍的电影是2001年的《昨天》，影片用半纪录片的形式讲述了演员贾宏声吸毒之后与家人的相处。

张扬与贾宏声在大学认识，合作过话剧《蜘蛛女之吻》，他们都喜欢摇滚乐，喜欢法国"新浪潮"的戈达尔、特吕弗，喜欢德国的法斯宾德。张扬觉得贾宏声身上有"我们喜欢的城市感和时代感"。

吸毒之后，外界对贾宏声的猜测不断，而张扬希望他能重新回到舞台上。

采访了大半年，张扬邀请贾宏声及其父母一同出演电影，以真实身份演真实的故事和情绪。张扬对《昨天》的评价超过他之

记录的是别人的故事
看到的
是强烈的共鸣

前的两部电影《爱情麻辣烫》和《洗澡》。"前两部是完全构思出来的人为的东西,而这部是我生活的一部分,从血液里冒出来的,质感都不一样,更有生命力。"

在影片的结尾,贾宏声从精神病院回到家里,有人说:看啊,一个理想主义者屈服于现实。张扬自己的解读是,反正不管什么人,到最后你都得回到日常生活的状态里。

对于张扬而言,当时的日常状态是——《昨天》是他真正想拍的电影,而拍《昨天》的权力则是《爱情麻辣烫》和《洗澡》给的。

1997年,已经从中央戏剧学院毕业五年的张扬找到老同学刁亦男:"老刁,有个电影我们把它分成了五六段,一人写一段,你来写一段吧。"这就是张扬导演的第一部电影《爱情麻辣烫》,由蔡尚君、刁亦男、刘奋斗和他共同编剧。

这部电影大获成功,当年创下3000万人民币票房收入,仅次于冯小刚的《甲方乙方》(3600万人民币)和詹姆斯·卡梅隆的《泰坦尼克号》(4353万美元)。那还是以电影厂体制为主的年代,年轻导演毕业几乎要花十年的时间摸爬滚打。"第一部戏最重要的就是掌握到了拍电影的权力。这之前基本上拍不着，想拍拍不了。"张扬说。

两年后，张扬执导的第二部电影《洗澡》取得了国内票房和国外电影节奖项的双重收获。由此，外界常定义张扬为一位"能够平衡艺术和商业"的导演。在选择地下电影为主的第六代导演中，张扬的每部电影都能上映，取得好看的票房成绩，同时在国内外得奖。这样的话听多了，张扬似乎也相信了，并尝试着去寻找艺术和商业之间的最优平衡点。"这也想要，那也想要。"

直到这次拍摄《冈仁波齐》和《皮绳上的魂》，张扬才想明白，既然什么都想要最后却什么也没得到，还不如就要自己想要的。

他去找投资人李力，他们从《飞越老人院》就开始合作，他开门见山地告诉李力："应该赚不了钱，很可能会赔。"前期谈条件的时候，他说了两点：一是自己的身体不行了，再不拍就受不了西藏的环境；二是启用素人出演以降低成本。李力也给张扬提了两个条件：第一，必须活着回来；第二，这一百多个人一个不能少，都得活着带回来。

记录的是别人的故事
看到的
是强烈的共鸣

记录这个时代 值得被记住的人

"像没拍过一样"

《冈仁波齐》讲述了芒康县普拉村的11个村民从家出发,翻山越岭去神山冈仁波齐朝圣的生死之旅。2013年11月到2014年11月底,张扬带着拍摄团队在西藏待了一整年。

虽说《冈仁波齐》没有剧本,但22年间数次进藏的经验在张扬脑海中勾勒出一个朝圣团队的大致样貌:七八十岁的、可能会死在路上的老人;将在路上分娩的孕妇;以朝圣来赎杀生之罪的屠夫;增加趣味性和不确定性的七八岁孩子以及他父母;也许是小流氓也许是青春期羞涩男孩的十六七岁小伙子;以及一位五十来岁、成熟稳健的掌舵人。

这些角色在芒康县普拉村村民身上一一落实。这段朝圣之旅长达2500公里,11位当地村民徒步跪拜,队伍出发时,张扬甚至"并不知道要拍什么",这种感受反复出现在之后拍摄的过程中,也有时候觉得"有那么多地方想拍,但就是找不到具体的戏了"。他好像回到刚开始拍电影的状态,"什么都不懂,什么都不知道,像没拍过一样,一边拍一边学。"

《冈仁波齐》的拍摄持续了近十个月,完成后,张扬又用两个多月的时间拍了《皮绳上的魂》,这是一个关于复仇与救赎的故事,猎人塔贝在死而复生后经活佛指点踏上了护送天珠的圣途。此时的剧组从三十人的小团队扩大到一百三十人左右。这时的草原开始泛黄,秋天已至,冬天也快来了,晚上的气温降到零摄氏度。

其间李力去探班,见到戴着牛仔帽、长头发、黑了好几度的张扬,吓了一跳,还掉了泪,因为去西藏之前张扬是个白白净净的人。当看到张扬拿出威士忌和桌上的咖啡摆在一起——他带了各式各样的咖啡机,李力开玩笑说:"我以为你们过得苦,没想到小日子很滋润嘛。"

张扬的确享受在路上的这些日子,直到电影拍完至今,他的头发一直没剪,牛仔帽也变成了身体的一部分。"摘了就觉得不是自己了。"回到大理后的一天,张扬去见朋友,三个人坐下来聊天,聊了快40分钟,其中一位突然问另一位:"张扬导演回来

记录的是别人的故事
看到的
是强烈的共鸣

了吗?"那位指着张扬说:"这不就是吗?"

"其实我二十多岁时就是这样,现在反而回到了过去的那个时候。"张扬说。刁亦男认可这种说法,他在中戏读大二时认识了张扬,"长头发,穿着阿迪达斯的运动衣、牛仔裤、耐克鞋,听摇滚乐。"那时,中戏私底下有两个团伙,一个是以张有待为中心的摇滚乐队"Hospital",其中张扬是鼓手;另一个是刁亦男、孟京辉、张一白、蔡尚君等人合谋的文学社"鸿鹄"。两派彼此看不上,但有一点是一样的,"能旷的课都旷,就干自己喜欢的事。"

终于,毕业25年后,张扬再一次能够"就干自己喜欢的事",而这件事也真的给了他回馈,甚至是惊喜——《冈仁波齐》上映前,张扬预估过票房,"几百万,最好也就800万吧。"但影片最终的票房成绩是9947万,堪称国产艺术电影的"奇迹"。看到这个数字,张扬很欣慰,"至少证明了观众还是可以静下心来看电影的。"

《冈仁波齐》之后,《皮绳上的魂》紧接着上映。依旧戴着宽大的牛仔帽接受各种采访的张扬看上去很放松,因为"已经完成了任务,对得起投资方了"。但在牛仔帽下,他的两鬓已经发白——2017年,张扬已经50岁,即便在很多人的印象中,他依然是那个曾经代表着"年轻"的"第六代导演"。

张扬清楚地明白年龄代表着什么,所谓商业和艺术的平衡在"知天命"的年纪也早已不成问题。"我岁数也不小了,对得起自己就行。50岁了,就必须得想清楚点事,不能再晃晃悠悠的。"

他把60岁划作自己创作生命的期限,在之后十年创作时间中,他计划每两年拍一部电影,这个计算非常简单——不出意外,导演张扬的创作履历中即将添加的作品数量为——最后五部。

记录的是别人的故事
看到的
是强烈的共鸣

记录这个时代值得被记住的人

蒋方舟：我说我不漂亮、被挑选，你们就当真了？

◆
◆
◆
◇

文：姚胤米

蒋方舟常常会受到惊吓，但惊吓并非来自"你不漂亮"或者"你是两性市场中被挑选的那一个"。

因为在某档谈话节目中讲了两件青春期时的"伤痕"往事，蒋方舟最近被密集地"心疼"了。

话题因"性感"而起。主持人问什么是性感？蒋方舟答"会打架的"，随即便在自己的伤口上撒了两把盐。

"我从小到大都是班长,但就是喜欢坐在最后一排的男孩子。高中时暗恋班上坐在最后一排特别坏的一个男孩。有一次我过生日,谁都没告诉,那天晚自习时(我)监督大家写作业,忽然,这个男生就冲上讲台说,今天是一个特殊的人的生日,我有些话想说……我当时真的,感觉被粉红色的泡泡包围了,已经准备好站起来拥抱他了,他说,今天是易建联的生日,让我们一起祝阿联生日快乐。

"小学的时候(我)还喜欢过一个同年级的'黑社会大哥',我的闺密是一个美女,放学的路上她总是被这个'黑社会大哥'跟踪,很生气,就会在放学之前跟我换衣服,然后这个'大哥'就会跟踪我,但跟踪的过程中看到了我的正面,大哥说了句:唉!操!然后转身就走了。"

节目播出后,很多好友纷纷发消息给蒋方舟,表示"心疼你",一时搞得她有点诧异:"靠,我得绝症了?"转念才想起那两个段子,顿时觉得这种心疼有些奇怪。

记录的是别人的故事
看到的
是强烈的共鸣

"不漂亮"

拿自己的"不漂亮"说事儿,蒋方舟对此颇为在行。

这或许跟母亲尚爱兰一直以来的"嫌弃"有关。"我妈对我的要求很高,她本来想给我起名叫'蒋美丽'来着,但生下我之后,很嫌弃地看了一眼,就放在一旁了。"

7岁开始写作,也是因为"不漂亮"——"琴棋书画样样不会,长得又难看,恐怕只有写作这条路了。"她将母亲当时的心态形容为"狗急跳墙",为了让蒋方舟发自内心地认可并重视写作这件事,母亲祭出的招式是:法律规定,小孩7岁就要开始写书,否则会被警察抓进监狱。蒋方舟信了很久,经常听到警笛呼啸,就会"躲在被子里颤抖"。

即便是后来9岁出书,11岁开始在国内知名都市报上开设自己的专栏,成为举国皆知的神童,19岁通过清华大学的自主招生考试,被破格录取,经常被媒体称为"美少女作家",她口中的自己也没有变得"漂亮"起来,反而对"不漂亮"这3个字彻底脱敏,变成了化解尴尬时调侃自己的法宝:"湖北襄樊十大知名品牌,我排名第四,排在大头菜前面。"

去清华报到的第一天,她背着一个山一样的大包,一路上听到的都是失望的哀号,大多数人会说"原来你就是蒋方舟",也有个别人会详细描述观感:"没事儿,还挺壮实的,比我想象得结实。"

上大学之前,她还总结了自己的"少女四大悲哀"。

胖。小时候挺瘦,长大后"biu"的一声就胖了,简直不忍直视。

黑。因为父母都很白,蒋方舟甚至一度怀疑自己是父亲与非洲某部落女性或母亲和某东南亚国家三轮车夫嫁接而成的。

皮肤粗糙。母亲对此有一句相当毒舌的吐槽:"如果你嫁到鳄鱼家,鳄鱼的儿子应该不会嫌弃你。"

脸很大。互联网上曾有一篇点击率颇高的帖子,主题是:蒋方舟特别像谁?做客《鲁豫有约》时,陈鲁豫也问了她这个问题:"你觉得自己像谁?""丁俊晖。"蒋方舟答道,"这是我作为官方唯一权威认定的。"现场的大屏幕上出现了她和丁俊晖的同一角度大头照，全场大笑，她还特意让现场的摄像专门切了一个特写。

时至今日，这种"自黑"依旧没有停止。

她会在微博上发自己的"丑照"，一组6年前体重处于峰值时的照片。其中一张，她双手插兜站着，弓着腰，视觉上呈现出"五短身材"的效果，一阵风吹来，长发毫无章法地呼在脸上，网友评论"挺像搞摇滚的"，她"哈哈哈哈哈哈"地转发出来。

看自己参与的网络节目时，她会开着弹幕，看到有意思的会按"暂停"，对着电脑屏幕拍照留念后发上微博，那条弹幕写的是：方舟长得像老鼠。对此她表示："特别想跟电视机前的观众朋友们谈谈心。"

"被挑选"

当"不漂亮"到了一定的年纪，情感婚姻就会成为一个话题。蒋方舟也很好地延续着这个话题，将自己的人设调整为"饥渴的大龄女青年"。

她特别怕冷场,和陌生人见面,或者一群人聚会聊到没话说的时候,她便会呕吐式地自爆情史,完全没有隐私的感觉。

如果以时间为序,第一位出现的应该是"王烈"。王烈是蒋方舟从小的玩伴,上幼儿园时,每个小孩都会带去一条用红线绣着自己名字的手巾,她至今记得自己抚摸"王烈"这两个字时指尖上的触感。他们经常同进同出,被周围人默认为"青梅竹马"。"他并不喜欢我。"蒋方舟说。而在和王烈扮演青梅竹马时,她也喜欢过多个男生,例如那个祝易建联生日快乐的男生,以及"黑社会大哥"。

母亲是她的"常设男友"。她们无话不谈,挺行为艺术的。在上大学之前,每到情人节、七夕,母亲都会为买什么礼物取悦女儿犯愁。有一次情急之下直接买了把玩具枪。"可能是我妈觉得我还不够男人吧,"蒋方舟也只好拿着这把枪礼节性地玩了一会儿。

"我们之间还有一件很'变态'的事。"如今二人同住,母亲每天早晨起床后都会去女儿的床边再躺一会儿,顺便翻看蒋方舟的手机。"每条都看，甚至连我都不看的群信息也会看。"好在只是看，不评价。她对此并不排斥，觉得母亲仅仅是无聊而已。"我很幼稚的一点是觉得如果我妈什么事情都知道了，我自己就不会错得太多。"母亲听了说："说不定是一起犯错。"两人偶尔也会谈起八卦新闻中出现的各种母女关系，蒋方舟让母亲评价一下，母亲说："父母皆祸害。""那你呢？""我也是祸害。"母亲答道。

尽管被蒋方舟认为经常扮演"男友"的角色，但母亲却一直希望蒋方舟能多谈恋爱，甚至早恋。"我十四五岁的时候，我妈就透露出'你可以谈恋爱了'这种信息。"刚进入清华，有一次家庭采访让父亲说几句对蒋方舟的寄语。"希望方舟大学四年先不要急着谈恋爱……"话音刚落，母亲便评价道："他脑子进水了。"

蒋方舟的初恋发生在大三。因为看到自己直到21岁还维持着"出厂设定"，生活和性格也越来越闭塞，内心非常焦虑，急于恋爱。"就算身边是一条狗，也想拉过来谈场恋爱。"对方是一位"社会人士"，理工科，两人会为了"曹雪芹和袁隆平到底谁伟大"的话题争论一年。一年后,蒋方舟仔细回味,觉得对方说的貌似也有几分道理,于她而言,这是恋爱最大的意义——你可以允许另一个人去修改你的各种设置。

这段恋情结束之后,蒋方舟还有几段相亲史。搭出租时,因为"性格好"被司机相中想介绍给自己的儿子,但在约好"婚后人前得给我儿子面子,打不还手骂不还口"并看了儿子的房子后,司机却没留下任何联系方式。还有一次朋友好心介绍某年轻书法家给她,双方没有见面,对方却发了条微博说她丑,并特意@了她。

尽管每一波自黑之后都会招来各种"心疼",但这并不妨碍蒋方舟继续自爆。

在那个讲段子自黑的节目中,谈及现在的状态,同为嘉宾的徐静蕾说:"我爱的人爱我就好了,多一个对我都是累。"蒋方舟则说:"觉得自己还是在两性市场被挑选的状态。"被再次问及"两性市场"和"被挑选",蒋方舟做了一点解释:"那个节目录的时候我刚刚被人甩了,刚在一起没几天,我想不通为什么我就被甩了。所以当时也有一点自己的情绪在里面。"

记录的是别人的故事
看到的
是强烈的共鸣

记录这个时代
值得被记住的人

"她就像是把自己放到了一个位置上。"蒋方舟多年的好友李二锅这样评价。面向公众,蒋方舟能够理智而清醒地找准一个位置,并且迅速地扮演好那个角色。正如她对好友说"并不喜欢节目中的自己",但也愉快地接受了"饥渴大龄女青年"的人设,就好像既然你们都喜欢这样的我,那我就多表现一下这样的我好了。

"谄媚",蒋方舟经常这样形容自己,"太希望别人喜欢我了。"因为年少成名,所以习惯于取悦他人,希望被别人认可、喜欢。"别的小孩可能9岁就叛逆,我9岁写东西出名,被人喜欢成了工作的一部分,所以这个阶段就特别长,说难听点就是圈粉。"蒋方舟说。

当然,她也反思了一下"圈粉"心态给自己恋爱带来的困扰。"我本身不是非常热情的一个人,我在爱情里面会无限度地容忍,会勉强自己迎合对方,照顾对方,说对方爱听的话,时间长了自己也会不舒服。可能是从小被一直所谓的名人身份造成的。"

真实价值

其实在这次提起"两性市场"之前,蒋方舟在接受采访时也聊到了"两性市场",在那次没有话题限制的访谈中,她并没有扮演任何人设,说出的倒像是个人更真实的态度。

主持人问她是否真的着急结婚,担心成为剩女。蒋方舟先纠正了"剩女"这个概念:"如果到现在对于女性成功的定义还是嫁人、生子,那就是倒退。我非常厌恶'剩女'这个说法,要用人的价值去衡量人,在这种衡量下没有谁是被剩下的。"随后,便谈到了所谓的"两性市场","我只在意自己认可的事,比如写作,结婚生子对写作是个障碍,所以我会把它们推到自己写出满意的作品之后。我写东西也不是为了增加自己在两性市场上的筹码,好像事业成功就到了一个择偶的VIP区,我的价值不是两性市场中的价值,我的成功与否也不是用两性市场来定义的。"

记录的是别人的故事
看到的
是强烈的共鸣

尽管似乎在各种舞台上频频亮相,但写作仍是蒋方舟目前生活的重头戏。

她每天早晨9点左右起床,吃过母亲准备好的早饭后,会带着电脑到家附近的咖啡馆写作,一直到傍晚6点半回家。和母亲的交流也维持着一个原则:你可以继续说我不漂亮、嫁不出去,但不可以质疑我写作这件事。

通常,晚饭过后,蒋方舟会和母亲一边看电视剧,一边跳健美操。变瘦让她很开心,母亲却在一旁揶揄:"跳那么瘦也不会有人要你。"她听了心里会有点沮丧,可转头又和母亲相安无事地坐在写字台的两边,她写作,母亲在对面剪纸。

有一天早上,母亲告诉蒋方舟,自己要剪纸然后挂到网上卖。"我剪一个鹿晗,肯定能卖不少钱。"蒋方舟问为什么要这么做,母亲说:"我要挣钱啊,你也没有什么商业价值。"蒋方舟听了很生气:"你不能这么矮化我。"她严肃地提出了抗议。

也有朋友找蒋方舟一起创业,他们跟她讲估值、资源整合,说按照自己的方案推进下去,会是个两个亿的生意,蒋方舟听后心里不太高兴:"价值的衡量标准不是这样的,拿我的文章这样去卖,我接受不了。"

和结婚生子一样,赚钱也是在蒋方舟心里排名靠后的事。她觉得自己已经实现了全部的物质目标,在北京和老家分别买了房,手上有一定的储蓄,不依靠任何人就可以活得精彩。她的一大乐趣是每天逛淘宝天猫,收快递。接受我们采访的间隙,蒋方舟不时拿出手机,看看天猫"3.8女王节"这次有什么好东西。

在酷爱网购这件事上,经常被称作天才女作家的蒋方舟与一般姑娘无二,她曾公开分享过自己最喜欢的十家网店。"这是我有史以来写得最愉快的一篇文章。之前我每天写作前,需要依靠淘宝天猫半小时来给自己加满血槽,然后再把自己关进小黑屋。写这篇推荐的时候,简直像一边写作一边逛街,愉快得无法自拔。"

尽管早已实现了经济独立,蒋方舟仍然习惯于出门背一个简单的帆布购物袋,她觉得这样挺好。当然,偶尔看到通过追名逐利而获得成功的创作者,也会不忿,但朋友说了一句话:"人家那么尊重名利场,获得回报也是应该的。"蒋方舟顿时恍然大悟:"对啊,既然我骨子里对名利场那么不尊重,得不到回报也是应该的。"

"你写了这么多年,也没有进步。"这是目前最令蒋方舟害怕的一句话,这使她想起了同样令自己受到严重惊吓的一则故事——阿拉斯加犬在雪地上是没有坐标的,有时,它觉得自己走的是一条直路,但可能方向已经发生了180度的变化。"这个故事简直太惊悚了。我生怕自己会毫不自觉、毫无愧疚,甚至非常快乐地变成自己讨厌的人。"

由于常常受到类似的惊吓,蒋方舟时刻都保持着一种高度的自我警惕,这种警惕的背后也是一种对于"我是谁、我在哪儿、我要做什么"的认知,除此之外,她尽可以继续"谄媚"继续"不漂亮"继续"被挑选",随便他人如何解读,因为,"能被别人解读的人是浅薄的。"

> 余秀华对我说，你怎么就判定我得不到爱情呢？

文：卫诗婕

在过去的两年中，范俭跟着余秀华辗转多地最终拍成纪录片《摇摇晃晃的人间》，作为旁观者，范俭曾说："余秀华最想要的是爱情，但她可能永远也得不到。"只是，余秀华本人并不这么认为。

2015年初，纪录片导演范俭跟随余秀华从湖北老家辗转武汉、北京、香港、深圳，历时一年有余，拍摄完成纪录影片《摇摇晃晃的人间》。此片获得阿姆斯特丹纪录片电影节（IDFA）

记录的是别人的故事
看到的
是强烈的共鸣

长片竞赛单元评委会大奖。近期，影片在国内上映，反响热烈。

从某种程度上来讲，是范俭带观众走进了余秀华的内心世界。余秀华则称，"范俭找到了我是他的福气。"以下是范俭的口述——

1

影片上映有一段日子了，我得到很多反馈，让我震惊的是，很多人看完影片，仍然不理解余秀华为什么离婚，这其中还有一个搞文学的知识分子，非常困惑地问我："到底为什么要离婚，你还是没有解答啊。"

这让我意识到，在此之前，我们或许低估了余秀华需要克服的阻力。你要去理解那些不理解，你才会明白，余秀华的故事本身在诉说着什么。

拍摄进行到四五个月的时候，我就明确了以她的离婚为主线，来展现一个女人获得能量后想要翻转命运的愿望。既然如此，离婚的另一个重要人物，就是余秀华的前夫老尹。我第一次上余秀华家拜访就见到了老尹。我原先也拍摄过一些农村倒插门的男性，他们通常有一肚子的委屈不能释放。老尹符合这些想象，他沉默地在一边干一些家务。我有留意到，他和余秀华分房睡。直到我离开他们家，他们两人几乎是零交流。

总体来说，老尹是一个心思简单、不坏的男人。他几乎常年在外打工，我跟着他去北京搽近昌平的 处工地拍摄，结束工作后跟他去常去的馆子喝二锅头，喝多了他也会向我倒苦水，抱怨他在家里的地位，生活中种种不如意的事等等。

他有些嗜酒。每年春节回家，他会因为喝酒和余秀华发生激烈的争吵，用余家人的说法是，"喝多了像是变了个人。"他也有些不思进取。据我所知，二十年来他在工地上一直从事着同一工种——泥瓦工。即使在建筑业，也有上升的空间，但他没有想过学点技术或者成为包工头，从这方面来看，他和余秀华也不合适。就像余秀华自己说的，老尹坐在那儿她觉得烦，她写诗他看着也烦，真的就是那样。

很多人是看到影片中老尹和工友们在酒桌上的那段对话后，彻底明白为什么余秀华一定要和老尹离婚。工友们嘲笑余秀华，

记录的是别人的故事
看到的
是强烈的共鸣

什么"女人就是猪,全靠你会哄",老尹也跟着嘲笑。后来余秀华看这段时哭了,当时他们已经离婚,她很想不通,觉得既然他那么看不上自己,为什么还一起过了20年,为什么还不肯离婚。

事实上,老尹心里也很清楚,离了婚对于他们两人都好。之所以他不愿意离婚,一是需要条件,他不能一无所有;另一方面,他顾及儿子,怕儿子有不好的评价。

他们离完婚后坐在出租车上的那一幕很动人,老尹前所未有的松弛,他的神态、语言,就像他说的,是解脱了。甚至在回去的路上,他还牵了余秀华的手,这是很有趣的,离了婚,两个人的关系反而不再紧张。

2

余秀华离婚进程中最大的阻力来自母亲。我的这次拍摄也跨越了余母从患癌到离世的全过程。

母亲对余秀华的爱,在纪录片中可以看到。你去看她的每个眼神,余秀华对她说"我吵架关你屁事",她淡淡一笑。有一次采访,余秀华不在,母亲的开场白是:"我这个女儿啊,故事可多了。"然后她提到了余秀华结婚13年的时候,感觉丈夫不可靠、儿子也不可靠,父母离去后自己总得能生存,于是就偷偷地跑去学怎么讨饭,说到这一段时,母亲落泪了。

我能够感受到她对于女儿的愧疚。在她的内心,始终觉得女儿的先天残疾是父母带给她的,她始终愧疚。

余秀华小的时候,他们带她去求医问药,请算命先生,各种方法都试过了,还是治不好。因此,他们想弥补,弥补的方式就是在余秀华19岁的时候为她张罗了上门女婿,这也恰恰成为最折磨余秀华的一件事。

但母亲是意识不到的,她是真的不理解余秀华,她说:"秀华到底为什么看不上老尹,我始终搞不懂。"在母亲看来,老尹四肢健全、身体健康,他能看上余秀华就很好了,因此她对老尹是很好的。每次余秀华夫妻吵架,父母总是先挑女儿的过错,这让余秀华时常感到很委屈。

母亲自身与余秀华的父亲之间,也是争吵了一辈子。但在她

记录的是别人的故事
看到的
是强烈的共鸣

患癌症之后,丈夫对她非常好,很照顾,这在她看来就是婚姻的可靠。女儿成名后所收获的名利,在母亲看来,都不是什么了不得的事,会写诗也没什么值得骄傲的。家庭,才是一个女人最后的归属。

因此,当她苦心为女儿设计的保障被余秀华执意打破的时候,她是很难接受的,反应也是最激烈的。她想了很多办法阻止,她对余秀华说,你离了婚你儿子以后找不到对象了。余秀华真的在这个理由面前泄气了,在一次和老尹为了离婚的事大吵一架后,她坐在田边创作了一段诗:一棵草有怎样的绿,就有怎样的荒。

母亲被确诊为肺癌晚期的那天晚上,余秀华给我打电话,她非常难过,整整40多分钟,一直在哭,说不出话来。但她从没在母亲面前哭过。母亲说她"心比榆木还硬",她其实是不想让母亲看到自己哭泣难过的样子。

在我个人的理解中,母亲得癌症反而加速了余秀华离婚的决定,因为她觉得人生苦短。在余秀华离婚前后的几天,母亲每天从早到晚眼睛都泪汪汪的。在片子里,最开始母亲的头发又黑又多,可以编成一根粗粗的麻花辫,后来因为化疗,掉得所剩无几。2016年8月底,我最后一次看到她时,已经满头银发。片子完成不久后,母亲就去世了。

余秀华对于母亲的爱,都表现在母亲去世后她写的诗里:"你走后,人间就冷了。"但她又忍不住怨怼,"你们用20年毁灭了我对婚姻的信任,让我永远不会再信任婚姻。妈妈,我们没有一个是胜利者。"

3

这部电影本身对余秀华当然有伤害的成分,我相信没有任何一个人看到自己生活中70%甚至更多的隐私被放到大银幕上,还能无动于衷。但余秀华从没有说过"这里不好,那里会影响我的形象"之类的话。我以为她能出席一场点映就很不错了,但她跟着我跑了好几场,很出乎我意料,她比我想象得确实更强大一点。

电影上映后,很多观众认为电影的表达方式过于直接,丑化了余秀华。比如那些她与老尹激烈争吵的画面，骂脏话、脚踹门，许多人看了觉得不适。余秀华的一个朋友曾对一个细节耿耿于怀——两人闹离婚时，老尹说，余秀华以同房为条件向他索要500元。

"这简直是丑化你，你怎么能允许这样的内容存在？"那个朋友问余秀华。她听后有点在意，就跑来跟我说，能不能把这处细节剪掉。我问她，是你自己在意，还是你在意身边人的看法？沟通了几分钟后，她就放弃了："哎呀随便吧，你爱剪不剪吧。"

还有很多人会站在道德制高点上评价她，母亲病了，为什么还要坚持离婚，这是不是不孝？在我看来，这其实是道德绑架。

在北京的百城首映礼上，当晚的主持人、诗评家秦晓宇问余秀华："离婚的当晚，秀华与母亲在屋外有一场对话，母亲哭了，秀华去安慰母亲，说了一些心里话，母亲却说她心硬，我不知道秀华事后有没有跟母亲道歉……"

余秀华有些激动地回应："你为什么认为我要向母亲道歉？难道我做得不对吗？如果我做得对，为什么要道歉呢？"

余秀华在片子里对母亲很强硬，但实际上她真的很爱母亲。在整部影片的拍摄过程中，我见证过余秀华的两次崩溃，其中的一次就是在母亲出殡那天，当母亲遗体被火化后，她见到骨灰时，哭到几乎瘫倒了。那天我也哭了，但我没有把这个场景放入影片，我希望克制一些，最后选择了用母亲的画面作为全片的结束。

第一次看到成片时，余秀华就对我说了两点。第一，她觉得这个片子除了女主角其他都很美；第二，她很感谢我为她的母亲留下了影像。

其实，比起余秀华，更脆弱的是观众。观众不敢接受这些生活中的粗粝与真实，而余秀华本人能够接受，你不觉得很有趣吗？有的人以为诗人每天生活在诗里，长袖曼舞间字斟句酌。其实诗人也生活在柴米油盐和一地鸡毛里，有些诗就是从那堆鸡毛里蹦出来的。

4

除了母亲的葬礼，余秀华的另一次崩溃是在一个跨年夜，她表白被拒后，深夜痛哭，哭到呕血。

记录的是别人的故事
看到的
是强烈的共鸣

记录这个时代值得被记住的人

那个晚上我一直陪着她,但是始终没有勇气打开摄像机,因为她不想让别人看到这一幕,那一刻我是她的朋友。作为朋友,我知道她的情感故事,但无法用镜头记录。她还曾赴一个仰慕已久的男诗人的约见,也拒绝了我的跟拍——这或许是整部影片中最令人遗憾的地方——我拍出了她不想要的是什么,婚姻。但她想要的爱情,我拍不到也没法拍。

在余秀华的诗歌中,对爱情的憧憬和向往是永恒的主题,只是她始终都得不到。她爱上的那个人是非常有才华的,非常非常成熟、有魅力的男人。这份爱情在我们外人看来就是不可得的,被拒绝是可以想见的。在这之前,她也曾经爱上过几个人,都很痛苦。

诗歌把她引领成一个精神世界更为丰富、内心活动更为敏感的人,这也使得她不能容忍现实生活的不幸福。她没有经历过普通人20多岁时陷入爱情的经历,所以依然保有着一颗少女心,她喜欢一个人,总是很强烈,很执拗,过于热情,因为她控制不住自己。

在点映活动上,经常有观众问我,余秀华对我有没有产生一种爱情。我可以很肯定地回答,没有。我下意识地将我们之间的关系放进影片是希望传递一种感觉，纪录片本身是一个灵魂碰撞另一个灵魂的结果，我进入了她的生活，这不可回避。

现实中，她喜欢很多人，会很直接地表达这种喜欢，这有时候甚至是一种调侃。但喜欢和爱是有区别的。爱一个人才会让她感觉到疼痛。我们这些人对她而言，就像她那句诗里写的一样：像一列火车，乞丐、醉鬼、卖艺的，上上下下。

前不久，我在一场直播中说了一句："余秀华最想要的是爱情，但她可能永远也得不到。"我说出那句话，是和很多人一样觉得那很难，因为，她喜欢的那种人很难喜欢上她。

但是，事后余秀华半开玩笑地对我说："范俭，你其他都说得挺好，但怎么就判定了我得不到爱情呢？你应该说我能得到，还要帮我征婚。"

那时我突然觉得，之前的那句话，我也许是说得太绝对了。

记录的是别人的故事
看到的
是强烈的共鸣

记录这个时代
值得被记住的人

附
读一首诗

我的身体里也有一列火车

但是,我从不示人

这与有没有秘密无关

月亮圆一百次也不能打动我

月亮引起的笛鸣

被我捂着

有人上车,有人下车,

有人从窗户里丢果皮和手帕,

有人说

这是与春天相关的事物

它的目的地不是停驻,是经过

是那个小小的平原,露水在清风里发呆

茅草屋很低,炊烟摇摇晃晃的

那个小男孩低着头,逆光而坐,泪水未干

手里的一朵花瞪大眼睛

看着他

我身体里的火车,油漆已经斑驳

它不慌不忙,

允许醉鬼,乞丐,卖艺的,

或者什么领袖

上上下下

我身体里的火车从来不会错轨

所以允许大雪,风暴,泥石流和

荒谬

——余秀华《我的身体里也有一列火车》

记录的是别人的故事
看到的
是强烈的共鸣

我们的团队

◆ 安小庆：彝族名字巴莫金诗，南京大学文艺学研究生毕业，曾就职于《南方都市报》。致力于人物特稿和"批判理论"、社会人类学视野下的人物述评写作。时代永远需要"讲故事的人"，每一个采访现场或许都可以视作一次有关当代中国故事的田野调查。

卢美慧：曾任职于《新京报》，擅长特稿写作。对职业记者来说，如今绝不是一个写作的好年头儿，谈不上什么坚持，所凭借的，不过是还有些拧巴的喜欢。就酱。

韩逸："每日人物"记者。

杨璐：一个采访对象说得好，"任何形容自己的企图最终都会以尴尬、混乱和矛盾而告终。"就喜欢去不同的地方，见不同的人，听他们的故事。也在和他们的碰撞里，试着认识自己，不断成长。

闫坤沐：少壮电视儿童，老大娱乐记者。对记者这个工作最着迷的地方就是，可以了解别人，同时隐藏自己。

朱柳笛：毕业于武汉大学新闻系。直到现在我仍然觉得记者是个有趣又迷人的职业，未知的事物是最吸引人的。

陈墨：女，原《中国青年报·冰点周刊》记者，现在《人物》&"每日人物"做记者。越来越觉得写人物故事是一件很有魅力的事，希望有更多的故事可以说。

易方兴：笔名临安，对小人物情有独钟。

孟依依：浙江绍兴人，毕业于浙江大学新闻系。做记者这件事情啊，刚上道，慢慢走吧。

姚胤米：中国政法大学国际商务本科毕业。进入新闻行业是带有"一拍即合"意味的凑巧，因此时常对这场相遇心怀感激。在观察与记录的职业要求之外，一个人物记者所得到的启示与价值远非一条万字稿件所能承担。用自己的文字去讲述某个时代切实发生过的故事，是一件能让暮年回想起来仍旧兴奋和骄傲的事。

卫诗婕：毕业于中国青年政治学院新闻系，首届网易非虚构写作文学奖年度作者。曾报道白银连环杀人案、榆林产妇坠楼案、杭州保姆纵火案等。

记录的是别人的故事
看到的
是强烈的共鸣